ABHANDLUNGEN DER DEUTSCHEN AKADEMIE
DER WISSENSCHAFTEN ZU BERLIN

Klasse für Mathematik, Physik und Technik
Jahrgang 1956, Nr. 7

GEORG KUSE

ÜBERSICHT ÜBER DIE ENTWICKLUNG DER DAMPFTURBINEN IN DER DEUTSCHEN DEMOKRATISCHEN REPUBLIK

Mitteilungen der Sektion für Maschinenbau

1957

AKADEMIE-VERLAG · BERLIN

Vorgelegt von Hrn. A. Jante in der Gesamtsitzung vom 14. Juni 1956
Zum Druck genehmigt am gleichen Tage, ausgegeben am 25. April 1957

Erschienen im Akademie-Verlag GmbH., Berlin W 8, Mohrenstraße 39
Lizenz-Nr. 202 · 100/148/57
Gesamtherstellung: IV/2/14 - VEB Werkdruck Gräfenhainichen - 685
Bestell- und Verlagsnummer: 2001/56/I/7
Preis: DM 6,30
Printed in Germany

Inhaltsverzeichnis

1. Organisatorischer Überblick

Das Zentrale Entwicklungs- und Konstruktionsbüro für „Dampfturbinen und Generatoren“ (TuG) hat die Aufgabe, sämtliche Entwicklungs- und Konstruktionsarbeiten für Dampfturbinen und Kondensationsanlagen von 5 MW Leistung an sowie für Stromerzeuger von 2 MW Leistung an einschließlich der Inbetriebnahmen durchzuführen. Der organisatorische Aufbau und Einbau des Büros in den Gesamtrahmen des Energiemaschinenbaues ist aus *Abbildung 1* zu ersehen. Neben den *Neukonstruktionen* werden in dem ZEK auch Konstruk-

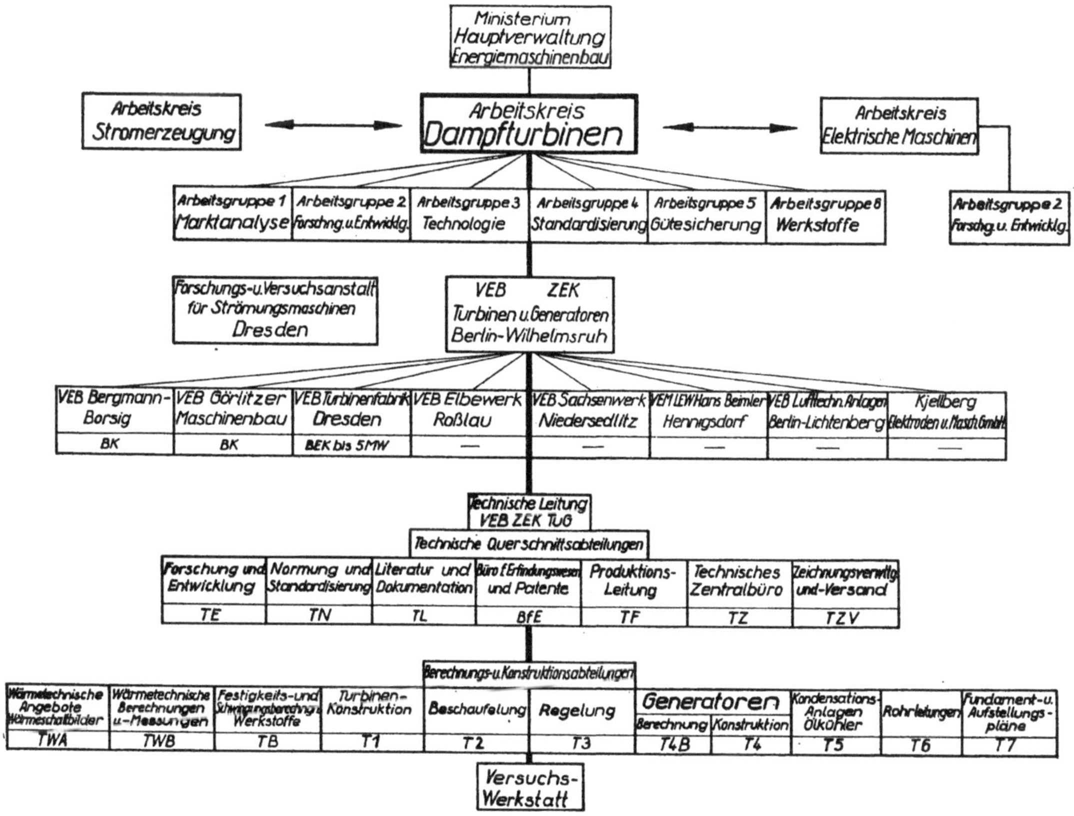

Abb. 1. Gliederung des Arbeitsgebietes VEB Turbinen und Generatoren

tionsarbeiten für *Reparaturen* durchgeführt mit dem Ziel, die gewonnenen Erfahrungen an den in Betrieb befindlichen Turbinen auf die Neuentwicklung zu übertragen. Daneben gehören *Begutachtungen* aller Turbinenarten und Beurteilung von Schäden zum Aufgabengebiet des Büros.

Dem Beginn einer Neukonstruktion geht ein eingehendes Literaturstudium voraus; eine eigene *Dokumentationsstelle* ist vorhanden. Ebenso wird wegen der geforderten Patentreinheit eine genaue Überprüfung der in dem betreffenden Exportland geltenden *Patente* vorgenommen. Zum Aufgabengebiet des Zentralen Büros gehört auf überbetrieblicher Basis die Normung. Sie wird zunächst auf Einzelteile, dann jeweils nach dem Stand der Arbeiten auch auf Baugruppen ausgedehnt.

2. Normenreihe

Vor Beginn der Einzelentwicklung im Jahre 1949 wurde gemäß Absprache mit allen turbinenbetreibenden Stellen der DDR in Anlehnung an die bereits während des Krieges entwickelte Reihe der deutschen Turbinenindustrie eine Normenreihe ausgearbeitet. Es wurden die Typen aufgestellt für die Turbinen der öffentlichen Stromversorgung sowie für Werke mit Kupplung von Wärme und Kraft.

Die Kondensationsturbinen wurden für zwei Kühlwassertemperaturen ausgelegt, nämlich für 15° C und für 27° C. Einem Kühlwasser von 15° C entspricht ein Vakuum von 0,041 kg/cm² (abs) und einem Kühlwasser von 27° C eines von 0,067 kg/cm² (abs). Bei gleichbleibender Ausnutzung der Endstufe konnte bei einer Kühlwassertemperatur von 27° C der Turbine ein um 60% größeres Dampfgewicht als bei einer Kühlwassertemperatur von 15° C zugeführt werden. Die Leistung war infolgedessen auch 60% größer, wobei allerdings die Einströmquerschnitte und die Beschaufelung der ersten Stufe etwas vergrößert werden mußten. Es können also mit einem Turbinenmodell zwei Leistungsgrößen beherrscht werden. Daraus ergaben sich auch die Leistungsstufen mit dem Faktor 1,6. Die Leistungsabstufung ist folgende:

5 MW	8 MW	12,5 MW
20 MW	25 MW	32 MW
50 MW	80 MW	125 MW

Außer der Reihe liegt lediglich die Leistung von 25 MW, die aus einer früheren enger unterteilten Reihe übernommen werden mußte, da sie zur Zeit der Auflockerung der Reihe bereits im Bau war. Außerdem wurde der 25-M-WStromerzeuger für die Vorschaltturbinen des früheren Wärme-Kraft-Sofortprogramms benötigt, so daß diese Leistung beibehalten wurde.

Die damit festliegenden Stromerzeugerleistungen (bis 2 MW zweipolig, darunterliegend vierpolig in der Konstruktion und Fertigung des Elmowerkes Dessau bzw. Sachsenwerkes Niedersedlitz) sind selbstverständlich maßgebend für die Leistungen der Entnahme-Kondensations- und der Gegendruckturbinen. Aus der Reihe der inzwischen entwickelten, sehr robusten Maschinensätze sind in den *Abbildungen 2* bis *7* einige kennzeichnende Ausführungen zu sehen. Es handelt sich hierbei ausschließlich um Gleichdruckturbinen. Mit Rücksicht auf die Herstellung (einfachere Schmiedestücke) werden, soweit nur möglich, als Läufer Wellen mit ausgeschrumpften Radscheiben verwendet. Wenn auch die Turbinen ab 5 MW abwärts von der Turbinenfabrik Dresden konstruiert und gebaut werden, so sind doch mit Rücksicht auf gewisse einfachere Ausführungen für den Export Ausnahmen zugelassen. Bei den Maschinen des Dresdener Entwicklungs- und Konstruktionsbüros handelt es sich bei den Kondensations- und Entnahme-Kondensationsturbinen um Ausführungen mit zwei parallelen Wellen, die über ein Getriebe arbeiten.

Eine grundlegende Überarbeitung der bisherigen Normenreihe hat sich jedoch als notwendig herausgestellt durch die Festlegung der HV Elektroenergie, daß in Zukunft die Ventilatorkühltürme eingeführt werden sollen. Es entfällt damit die Warmwassertemperatur von 27° C als höchste Kühlwassertemperatur. Man wird bei den Ventilatorkühltürmen nur

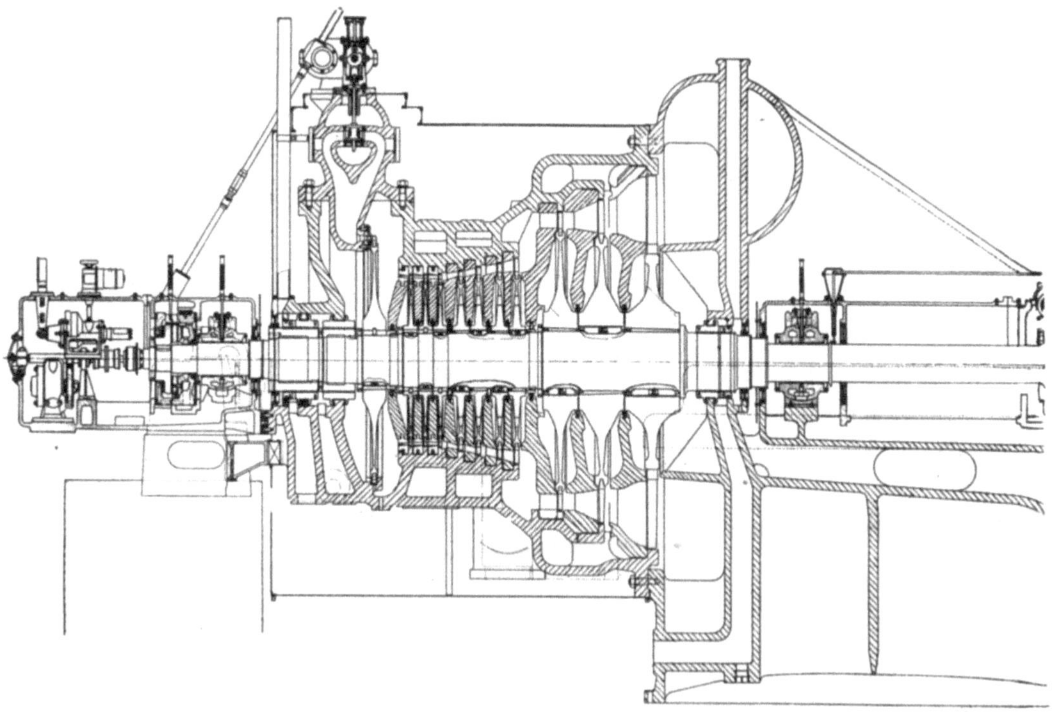

Abb. 2. Eingehäusige Kondensationsturbine für eine Leistung von 25 MW bei 3000 U/min, Frischdampfzustand vor dem Schnellschlußventil 36 kg/cm² (abs)/435° C, Kühlwassertemperatur 15° C

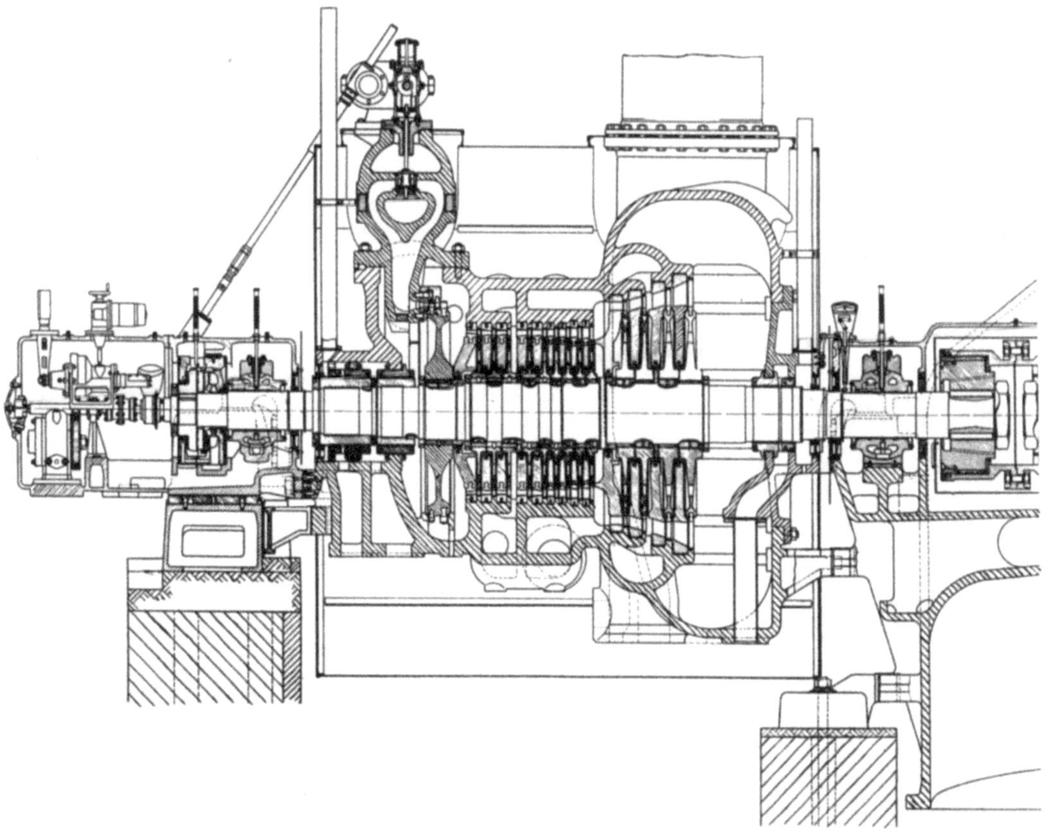

Abb. 3 (Hochdruckteil). Zweigehäusige Kondensationsturbine für eine Leistung von 50 MW bei 3000 U/min, Frischdampfzustand vor dem Schnellschlußventil 71 kg/cm² (abs)/485° C, Kühlwassertemperatur 27° C

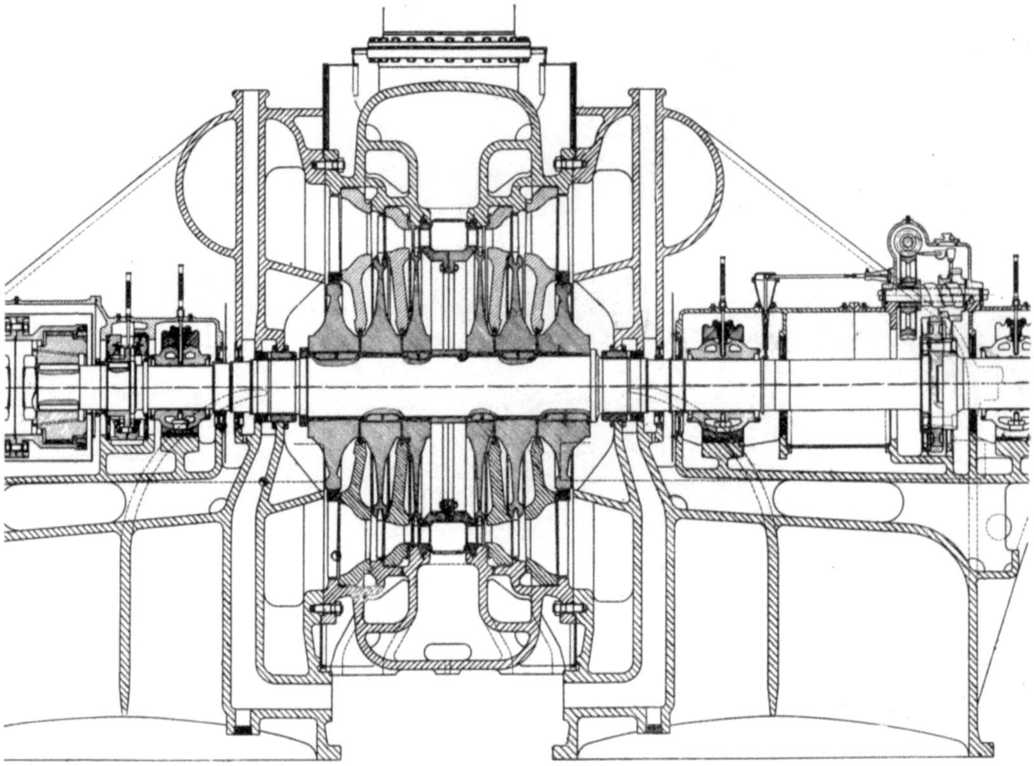

Abb. 4 (Niederdruckteil). Zweigehäusige Kondensationsturbine für eine Leistung von 50 MW bei 3000 U/min, Frischdampfzustand vor dem Schnellschlußventil 71 kg/cm² (abs)/485° C, Kühlwassertemperatur 27° C

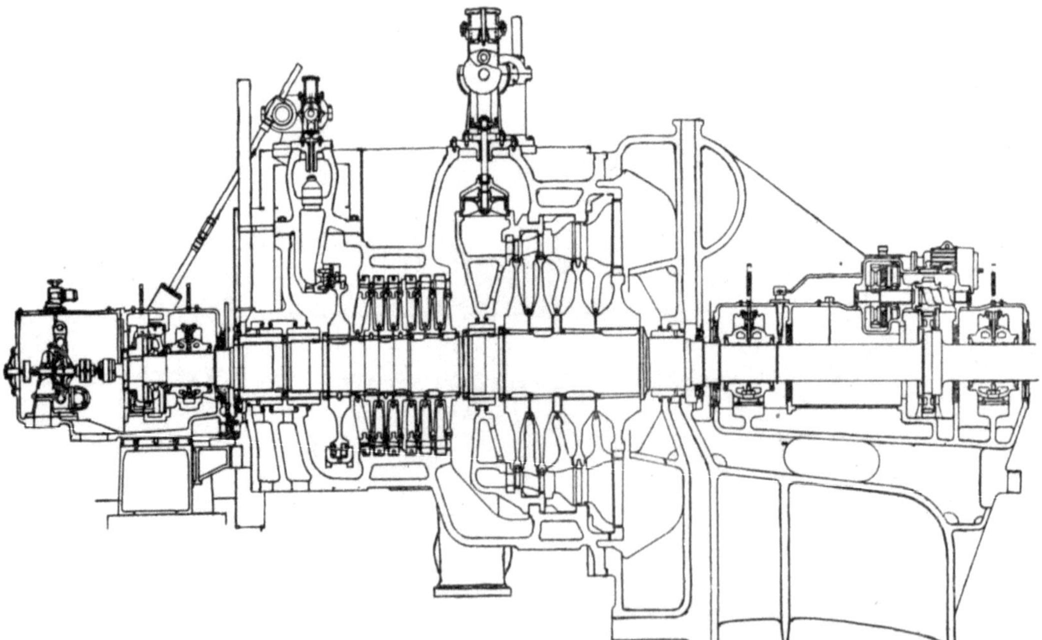

Abb. 5. Eingehäusige Entnahme-Kondensationsturbine für eine Leistung von 25 MW bei 3000 U/min, Frischdampfzustand vor dem Schnellschlußventil 71 kg/cm² (abs)/485° C. Entnahmedruck 3,5 kg/cm² (abs), Kühlwassertemperatur 27° C

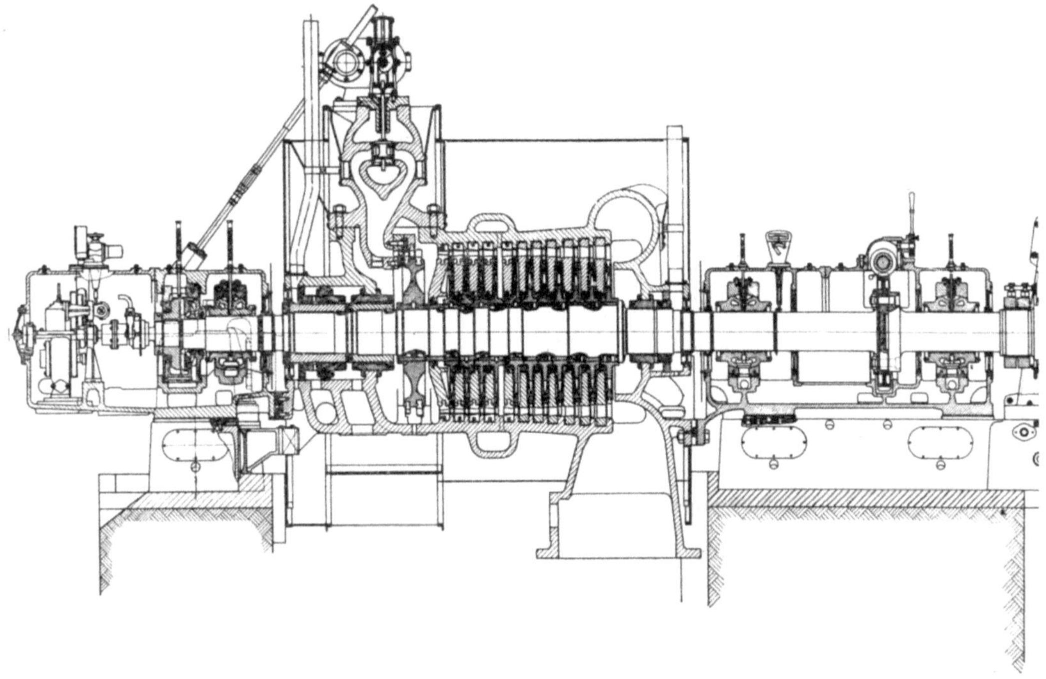

Abb. 6. Eingehäusige Gegendruckturbine für eine Leistung von 20 MW bei 3000 U/min, Frischdampfzustand vor dem Schnellschlußventil 71 kg/cm² (abs)/485° C. Gegendruck 5 kg/cm² (abs)

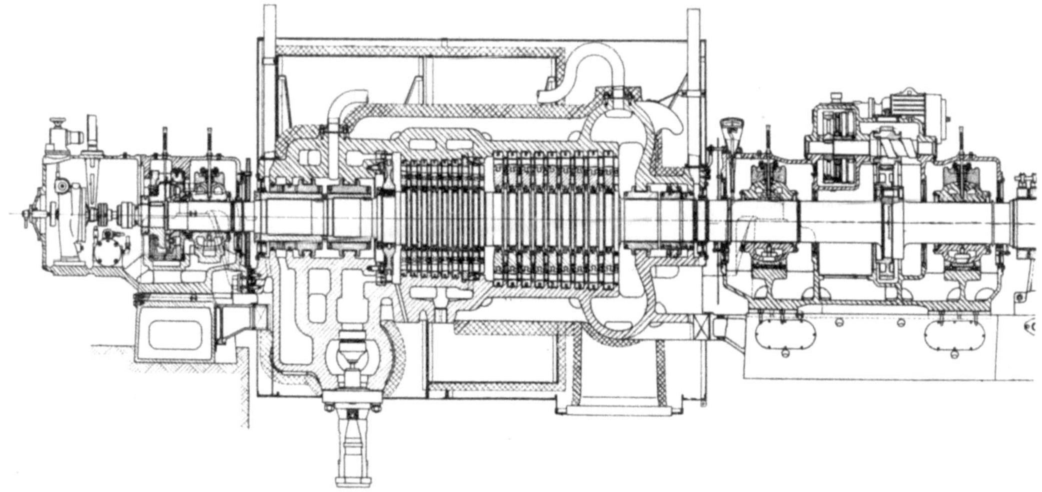

Abb. 7. Vorschaltturbine für eine Leistung von 25 MW bei 3000 U/min, Frischdampfzustand vor dem Schnellschlußventil 111 kg/cm² (abs)/485° C. Gegendruck 22 kg/cm² (abs)

noch mit 18° C Kühlwassertemperatur rechnen können. Auch die seit Jahren übliche Festlegung der Kaltwassertemperatur von 15° C ist nicht mehr aufrechtzuerhalten. Wie aus den Aufzeichnungen hervorgeht, beträgt die mittlere Kühlwassertemperatur bei Frischwasserkühlung 12° C. Bei diesen Temperaturunterschieden von 12° C und 18° C kann selbstverständlich eine Festlegung der Maschinengrößen mit dem Faktor 1,6 nicht mehr erfolgen. Es hat auch keinen Zweck, eine Maschine für 12° C und eine gleicher Leistung für 18° C Kühlwassertemperatur zu entwickeln. In Abstimmung mit den GOST-Normen werden zukünftig alle Maschinen mit einer mittleren Kühlwassertemperatur von 15° C ausgelegt. Die Maschinen, die mit 12° C arbeiten, sind dann im Endquerschnitt etwas zu knapp, während die mit 18° C arbeitenden Maschinen im Endquerschnitt etwas zu reichlich bemessen sind. Unter diesen Voraussetzungen wird zukünftig die Reihe der größeren Turbinenleistungen liegen bei 12, 25, 50, 100 und 200 MW. Während die 50- und wahrscheinlich auch die 25-MW-Turbinen mit 90 kg/cm² (abs) und 535° C nach GOST-Normen ausgeführt werden sollen, kommt für die 100-MW-Turbine ein Dampfzustand von 141 kg/cm² (abs) (es wurde auch von 150 und 175 kg/cm² (abs) gesprochen!) und 535° C in Frage. Für die Turbinen von 200 MW wird der gleiche oder ein noch höherer Dampfzustand gewählt, wahrscheinlich 165 kg/cm² (abs) und 565 C. Die Dampfparameter liegen jedoch noch nicht fest.

Aus dieser geänderten Normenreihe sind die Turbinen von 50, 100 und 200 MW neu zu entwickeln. Die 50-MW-Turbine ist zwar schon als zweigehäusige Maschine mit einem Dampfzustand von 71 kg/cm² (abs) und 485° C konstruktiv vorhanden. Die HV Elektroenergie erwartet jedoch auf Grund von Ausführungen in anderen Ländern und auf Grund neuerer Überlegungen, die mit der zukünftigen Netzbelastung zusammenhängen, eingehäusige Turbinen nach den bereits angeführten GOST-Parametern. Man ist der Meinung, daß derartige eingehäusige Turbinen sich schneller hochfahren lassen und daß sie Lastschwankungen schneller folgen können als zweigehäusige Ausführungen. Das ist jedoch nach den vorliegenden Beobachtungen an den zweigehäusigen und den Erfahrungen an den eingehäusigen Ausführungen in der SU nicht der Fall. Der Grund dazu liegt offensichtlich in der außerordentlich ungünstigen Temperaturverteilung in dem einen Gehäuse. Außerdem sind die Gewichts- und Massenverhältnisse bei der eingehäusigen Bauart sehr schlecht. Es ist nicht sicher, ob sie nicht sogar spezifisch schwerer ist und hochwertigere Werkstoffe in größerem Umfange erfordert als die zweigehäusige Turbine. Der Platzbedarf könnte allerdings etwas kleiner sein.

Die Turbinen von 50 MW Leistung werden in der DDR sowie auch in anderen Ländern zwar eingehäusig gebaut, das Hauptaugenmerk wird jedoch auf größte Betriebssicherheit und besten Wirkungsgrad und weniger auf schnelles Anfahren gelegt. Das Problem bei dieser Turbine ist die Endstufe, die bei 2000 mm Teilkreisdurchmesser eine Schaufellänge von 650 mm erhalten wird. Diese gleiche Endstufe soll auch für die 200-MW-Turbine verwendet werden, und zwar voraussichtlich in dreifacher Abströmung.

Die bisher im DDR-Bauprogramm vorgesehene größte Leistung von 50 MW wird durch die neuen Festlegungen erheblich überschritten. Durch die größeren Gewichte und Abmessungen — in der Hauptsache handelt es sich hierbei um die Stromerzeuger — müssen auch die Werkstätten erweitert werden, eine Arbeit, die mit größter Beschleunigung durchzuführen ist, damit die Fertigung nicht empfindlich gestört wird.

Durch die Maschinen von 100 MW Leistung sollen die bereits in Arbeit befindlichen Zweiwellensätze von 75 MW (25-MW-Vorschalt- und 50-MW-Nachschaltturbinen) abgelöst werden.

Es war zunächst vorgesehen, dafür die in die bisher geltende Normenreihe passende 80-MW-Turbine zu verwenden. Die Turbine, die konstruktiv sehr weit vorgeschritten ist, wurde jedoch trotz ursprünglicher Zustimmung von der HV Elektroenergie zum Beginn des zweiten Fünfjahrplanes verworfen. Die neuen Forderungen wurden erst nach Ablauf des ersten Quartals 1956 gestellt. Es ist dadurch ein Zeitverlust entstanden, der durch keine Maßnahme mehr aufzuholen ist.

Die Zweiwellensätze haben sich zwangsläufig ergeben durch den Ausbau der bereits vorhandenen Kraftwerkanlagen des früheren Wärmekraft-Sofortprogrammes. Es ist bedauerlich, daß die Kraftwerke Trattendorf und Berzdorf nach den alten Überlegungen, die bis auf das Jahr 1940 zurückgehen, ausgeführt werden müssen. Man hätte hier zweckmäßig zum mindesten das Kraftwerk Berzdorf, in dem noch keine Turbinenfundamente vorhanden sind, bei rechtzeitiger Vorplanung bereits mit modernen Einwellensätzen großer Leistung ausrüsten sollen, zumal überall die Forderung auf Anwendung neuer Technik gestellt wird.

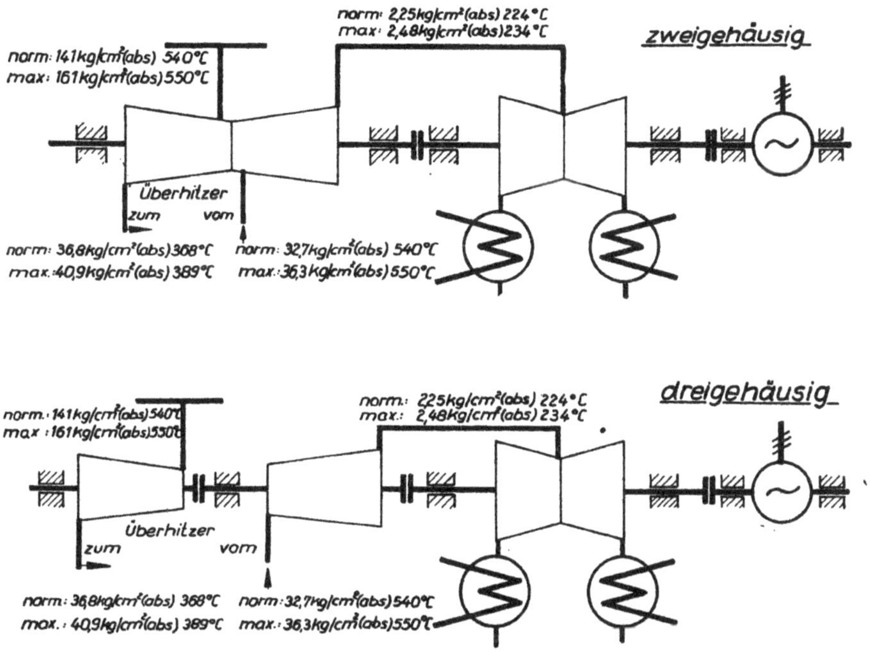

Abb. 8. Schematische Darstellung einer Kondensationsturbine mit Zwischenüberhitzung für eine Leistung von 100 MW bei 3000 U/min in zweigehäusiger und dreigehäusiger Ausführung. Frischdampfzustand vor dem Schnellschlußventil 141 kg/cm² (abs)/535° C. Kühlwassertemperatur 15° C

Abbildung 8 zeigt schematisch den Aufbau der geplanten 100-MW-Turbine. Es wurde die dreigehäusige Ausführung gewählt. Bei den Schwierigkeiten der DDR-Stahlgießereien, einen legierten Stahlguß fehlerfrei abzugießen, schien der Hochdruckteil der zweigehäusigen Ausführung zu verwickelt. Er wurde infolgedessen auf zwei Gehäuse aufgeteilt. Durch zweckentsprechende Anordnung wird die dreigehäusige Ausführung nur unwesentlich länger als die zweigehäusige. Die Fertigung und die spätere Betriebssicherheit dürfte jedoch bei der Dreigehäuse-Ausführung größer sein als bei der zweigehäusigen. Im Hochdruckteil wird ein Doppelmantelgehäuse verwendet.

Es ist schon jetzt zu übersehen, daß auch für diese Neuausführung eine ausreichende Zeit für die Erprobung nicht zur Verfügung steht, da die Maschine bereits ab 1959 für die Stromerzeugung eingeplant ist, während Anfang des Jahres 1956 noch nicht einmal die Aufgabe klar ist, infolgedessen weder eine Berechnung noch Konstruktion vorliegt und außerdem die Werkstätten, worauf bereits hingewiesen wurde, nicht die notwendigen Fertigungseinrichtungen besitzen.

Neben der Weiterentwicklung von Kondensationsturbinen mit hohen Dampfzuständen und hohen Leistungen werden noch Sondermaschinen, wie z. B. die Entnahme-Gegendruck-Turbine von 50 MW für die „Schwarze Pumpe“ und Maschinen von 25 MW Leistung mit niedrigem Entnahmedruck (0,9 kg/cm² (abs), neuerdings sogar 0,65 kg/cm² (abs)!) für Städtebeheizungen entwickelt.

Weiterhin werden jetzt Vorbereitungen für Schiffsturbinen von 10000 bis 20000 PS getroffen. Leider fehlt für die Ausarbeitung der Schiffsmaschinen noch eine klare Typenreihe der Schiffe und damit eine klare Festlegung der Maschinengrößen. Die bisherigen Entwürfe wurden ausschließlich nach Maß ohne Rücksicht auf die davor und dahinter gegebenenfalls noch zu bauenden Größen entwickelt.

Die Schiffsturbinen sind als Getriebeturbinen vorgesehen. Von turboelektrischen Ausführungen ist bedauerlicherweise noch nicht weiter gesprochen worden, obwohl bereits Kenntnisse und Erfahrungen durch den Dampfer „Lensowjet“ vorliegen, auf dem zwei Turboaggregate von je 3,2 MW Leistung zur vollsten Zufriedenheit arbeiten. Man sollte bei der Entwicklung der Schiffsturbinen, insbesondere für Fahrgastschiffe, den turboelektrischen Antrieb ebenfalls vorsehen, da er in bezug auf Regelfähigkeit und Geräuscharmut die Getriebeturbine weit übertrifft.

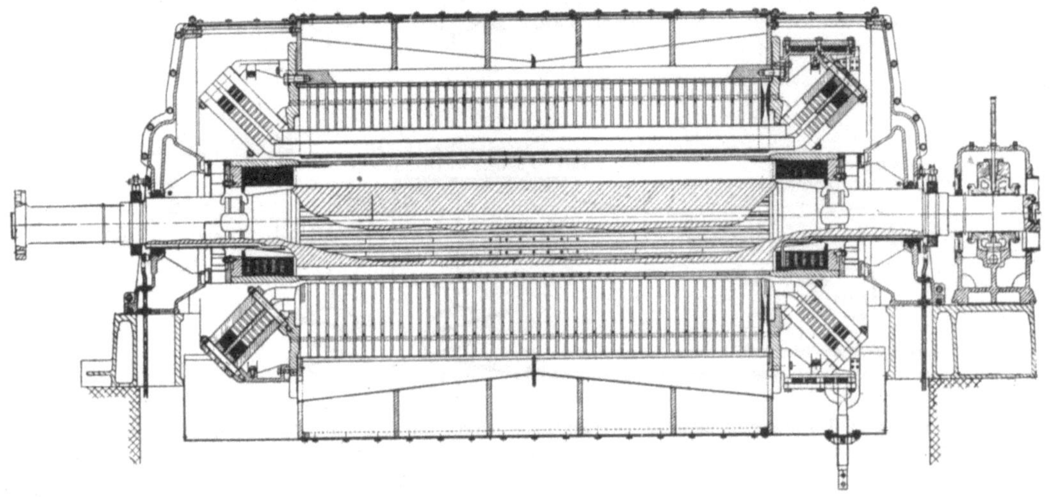

Abb. 9. Stromerzeuger für eine Leistung von 15,65 kVA und 6,3 kV bei 3000 U/min

Zum Abschluß der Ausführungen über die Normenreihe ein kurzer Hinweis auf die Stromerzeuger, *Abbildung 9*: Die zweipoligen Maschinen erhalten Massivläufer. Die Spannung beträgt je nach der Größe 6,3 und 10,5 kV, in Ausnahmefällen auch 5,25 kV. Bisher wurden die Stromerzeuger bis zu einer Leistung von 50 MW mit Luftkühlung ausgeführt. Ein Stromerzeuger gleicher Leistung mit Wasserstoffkühlung ist in Vorbereitung. Die Leistungen über 50 MW erhalten nur noch Wasserstoffkühlung.

Leider sind die Prüffelder der die Stromerzeuger bauenden Werke immer noch nicht so ausgerüstet, daß einwandfreie Meßergebnisse zur Verfügung gestellt werden können. Dies gilt im gleichen Maße für rein elektrische Messungen, für Messungen über die Kühlluftverteilung und die Kühlung. Die Berechnung und Konstruktion ist auf derartige Unterlagen angewiesen, um darauf aufbauend die Wirkungsgrade zu verbessern und den Kupferverbrauch zu senken.

Abb. 10. Schmiederiß in einer Spindelwelle

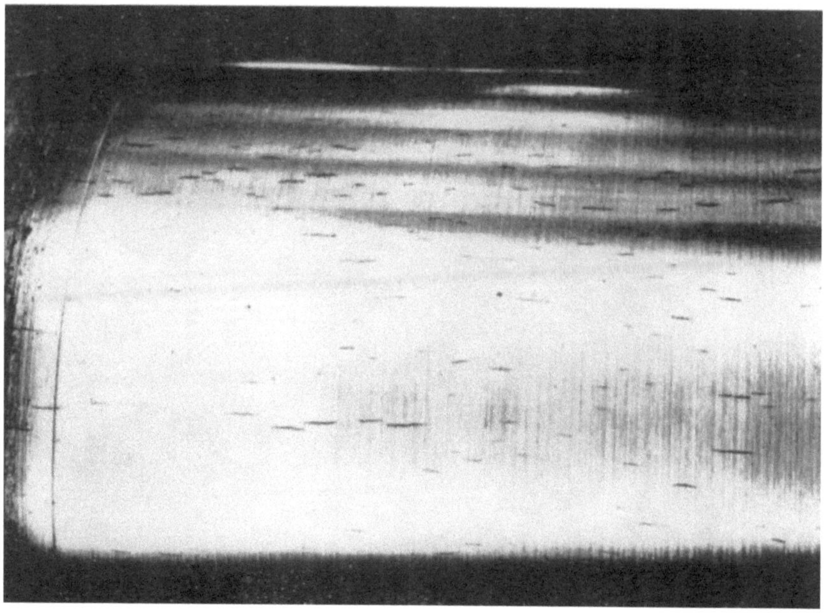

Abb. 11. Flockenbildung in einer Turbinenwelle durch zu schnelle Abkühlung

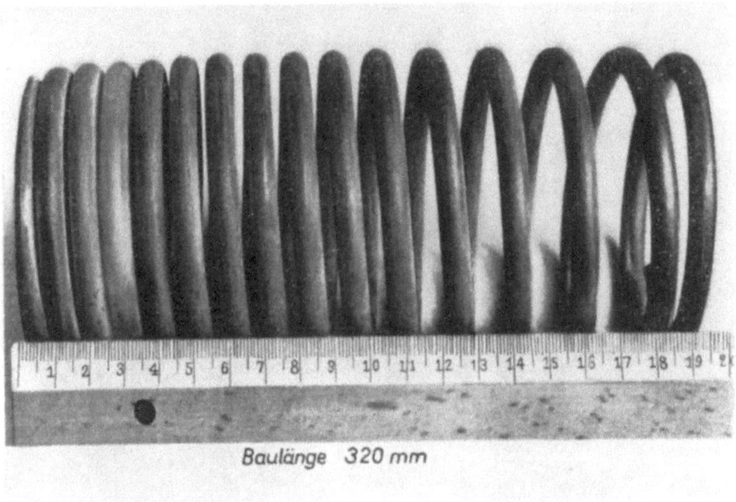

Abb. 12. Durch Wärmewirkung bleibend verformte Regelventilfeder

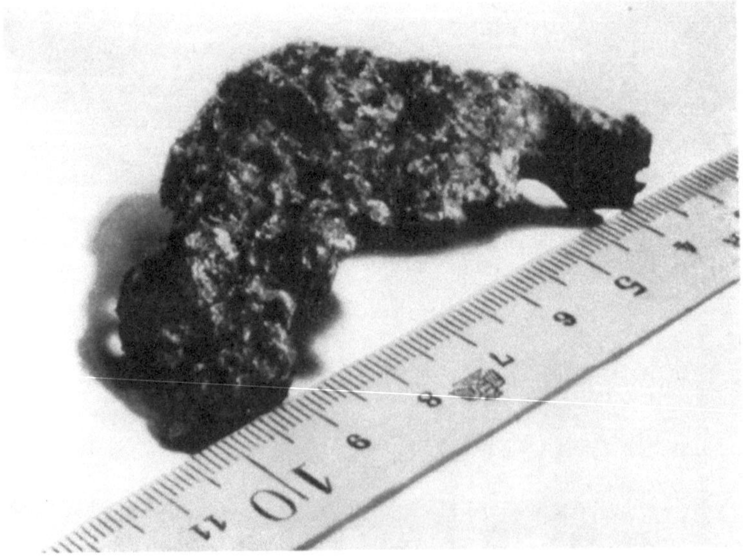

Abb. 13. Durch Dampf aus der geputzten Gußoberfläche herausgewaschenes Gußstück

3. Werkstoffe

An Hand bekannter und zum Teil neu entwickelter Berechnungsverfahren werden die erforderlichen Festigkeits- und Schwingungsberechnungen durchgeführt. Bei den Festigkeitsberechnungen wurden anfangs die Werte für die Werkstoffe zugrunde gelegt und gefordert, wie sie aus unserer früheren Praxis her bekannt waren. Als höchste Dampfparameter wurden dabei 111 kg/cm² (abs) und 485° C angesetzt. Leider gab es wegen Werkstoffehler sehr viel Rückschläge, die sich auch heute noch nicht ganz vermeiden lassen. Die *Abbildungen 10* bis *13* (siehe Tafeln I und II) geben einen kleinen Ausschnitt von den Schwierigkeiten.

Bei den Gußstücken, gleichgültig ob Stahlguß oder Grauguß, sind neben Rissen und Lunkern eine ganze Reihe von Mängeln zu verzeichnen. Es werden nicht die geforderten Wandstärken eingehalten, wahrscheinlich in dem Bestreben, durch Kernversatz keinen Ausschuß zu machen. Prüfungen haben ergeben, daß bei Einströmgehäusen die Wandstärken statt 45 mm 60 mm und statt 55 mm 70 mm betragen. Bei Flanschen treten Abweichungen von 90 auf 110 mm auf; abgesehen von dem viel zu großen Gewicht sind unnötige Materialanhäufungen vorhanden, die zu ungleichen Erwärmungen und damit zum Verzug mit der Gefahr des Anstreifens am umlaufenden Teil führen.

Zu ergänzen wäre noch, daß für die erste Turbinenwelle der 12,5-MW-Turbine fünfmal Ausschuß geliefert wurde. Die Rohwellen wurden mit einem Schlag von 35 bis 40 mm angeliefert! Ölvergütungen wurden überhaupt nicht vorgenommen, man mußte sich mit einem Normalglühen in Luft zufrieden geben. Immerhin sind nach zahlreichen Verbesserungen die DDR-Stahlwerke jetzt in der Lage, wenigstens Turbinenwellen, Radscheiben und Schaufelwerkstoffe ziemlich einwandfrei herzustellen. Die Ausschußquote liegt z. B. beim Schaufelwerkstoff bei etwa 5%, bei den anderen Schmiedestücken bei etwa 10 bis 15%.

Besonders schwierig war und ist auch heute noch die Lage für das Schmieden von Induktorwellen. Die Stahlwerke der DDR können zur Zeit Schmiedestücke für Induktoren nur bis zu einer Größe von 8 MW schmieden und in der Luft vergüten. Für die darüberliegenden Leistungen muß aus Import bezogen werden. Im zweiten Fünfjahrplan werden fast nur Turbosätze großer Leistung verlangt, so daß die Stahlwerke der DDR ohne grundlegende Änderung des jetzigen Zustandes als Lieferanten großer Schmiedestücke für Induktoren nicht in Frage kommen. Die Versuche, große einteilige Schmiedestücke für Induktorwellen durch geteilte (insgesamt 6 Teile, *Abbildung 14*) zu ersetzen, schlugen ebenfalls fehl, da es nicht möglich war, die Ballenenden mit den Wellentummeln einwandfrei zu schmieden.

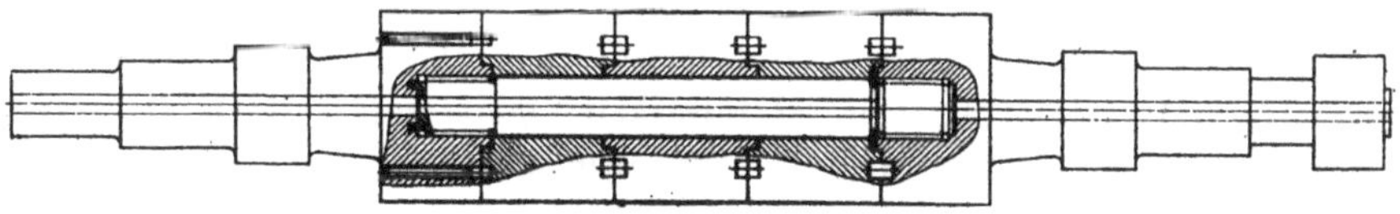

Abb. 14. Mehrteilige Induktorwelle für eine Leistung von 40 kVA bei 3000 U/min

Bei den Stromerzeugern sind neben den Schmiedestücken noch einige andere Werkstoffschwierigkeiten vorhanden. In erster Linie handelt es sich hierbei um die Statorbleche, die mit einem Wattverlust von 1,7 Watt/kg gefordert werden. Erzielt werden in den Stahlwerken jedoch nur Werte von etwa 1,8 Watt/kg. Die Folge davon ist, daß die inneren Verluste des Stromerzeugers größer sind als berechnet, außerdem wird der Stator etwas wärmer. Um konkurrenzfähig zu werden, müssen in naher Zukunft sogar Bleche mit nur 0,9 Watt/kg verwendet werden!

Weiterhin muß von seiten der Konstruktion ein unmagnetischer Werkstoff für die Preßplatten der Statoren verlangt werden. Dieser Werkstoff ist notwendig, um örtliche Erwärmung an den Stirnseiten des Stromerzeugers als Folge von Wirbelströmen zu vermeiden. Leider war es bis zum Ende des Jahres 1955 nicht möglich, diesen Werkstoff zu erhalten, da die erforderlichen Mangan- und Nickellegierungen (17 bis 19% Mn und 2% Ni) nicht zur Verfügung standen. Die Konstruktion mußte behelfsmäßig mit aufgesetzten Kupferblechen an den gefährdeten Stellen arbeiten. Der Erfolg war jedoch gering. Da auch jetzt noch nicht genügend unmagnetischer Werkstoff zur Verfügung gestellt werden kann — Nickelzusätze sollen neuerdings wieder entfallen —, wird ein zusammengesetzter Preßdeckel verwendet, *Abbildung 15*. In dem äußeren Bereich wird normaler Stahlguß, in dem inneren, an dem die

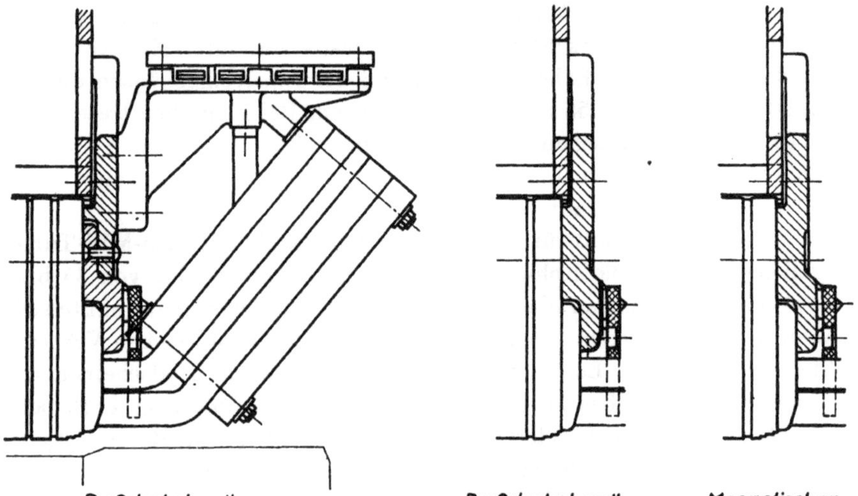

Abb. 15. Zusammengesetzter Preßdeckel für die Gehäuse von Stromerzeugern. Äußerer Ring: Stahlguß. Innerer Ring: unmagnetischer Ring

hohen Temperaturen auftreten, unmagnetischer Stahlguß verwendet; außerdem werden trotz zusätzlicher Bearbeitung die zusammengesetzten Deckel billiger. Beide Teile sind so miteinander verbunden, daß die notwendige Festigkeit im Deckel zur Aufnahme des Preßdruckes vorhanden ist.

Trotz einiger durchaus anzuerkennenden Fortschritte bleibt die Lage hinsichtlich der Schmiedestücke unbefriedigend. Den Stahlwerken fehlen immer noch die selbstverständlichsten Vergütungs- und Bearbeitungseinrichtungen. Die Stahlwerke sind nicht in der Lage, testierte Werkstoffe zu liefern, während das DAMW (Deutsches Amt für Material- und Warenprüfung) zum Erteilen von Gütezeichen eindeutige Werkstoffwerte verlangt, für die jetzt der Maschinenhersteller einstehen muß.

Im Zuge der Weiterentwicklung wird die Frischdampftemperatur zunächst auf 535/540° C vor der Turbine gesteigert. Bei dieser Temperatur sollen ausschließlich ferritische Werkstoffe verwendet werden. Das Eisenforschungs-Institut in Hennigsdorf hat für die Gußstücke und für die Einstückläufer die entsprechenden Werkstoffe zugesagt, deren Werte in *Abbildung 16* angegeben sind. Schmiedestücke für diese Verhältnisse werden für die Anlage „Schwarze Pumpe" und für die neuen Energiemaschinen von 50 MW, 100 MW und für 200 MW benötigt. Daneben muß bereits jetzt die Entwicklung von Stählen aufgenommen werden, die bei

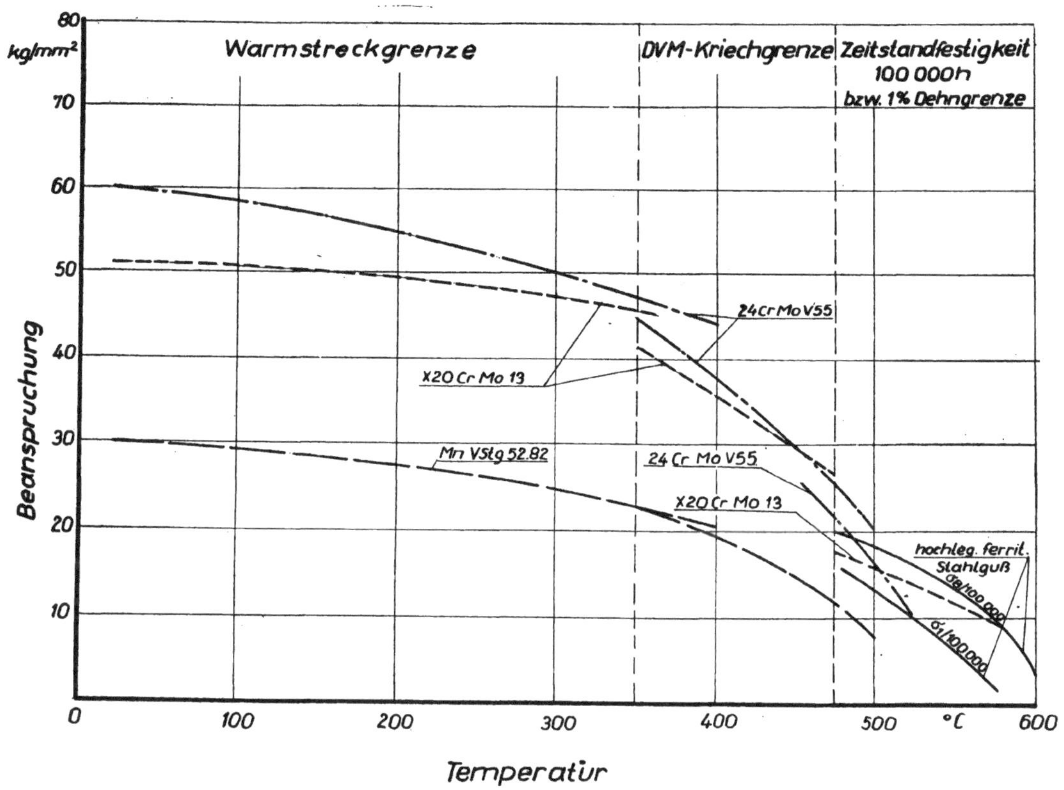

Abb. 16. Ferritische Werkstoffe für hohe Temperaturen

Frischdampftemperaturen von 600° C bis 650° C noch eine ausreichende Zeitdehngrenze haben. Die Herstellung einer kleinen Versuchsturbine für diese Temperaturen und überkritischen Druck, etwa 300 kg/cm² (abs) wäre zu empfehlen.

4. Entwicklungsarbeiten

Dem Bau der Dampfturbinen in der DDR gingen eine ganze Reihe einzelner Entwicklungsarbeiten für bestimmte Baugruppen voraus bzw. liefen parallel dazu. Die Untersuchung einzelner Baugruppen war die Grundlage für die Konstruktion. Lediglich bei strömungstechnischen und thermodynamischen Problemen waren bisher derartige Versuche nicht notwendig.

4.1 Schaufeln

Wenn auch in den vorhergehenden Referaten bereits eine ganze Reihe von Schaufelfragen behandelt wurde, so muß doch noch einiges zur Ergänzung nachgetragen werden. *Abbildung 17* zeigt ein jetzt übliches Gleichdruckprofil mit gut abgerundetem Eintritt. Bei Verwendung derartiger Profile tritt kein Stoßverlust mehr auf, so daß allein damit eine beachtliche Verbesserung des Wirkungsgrades erzielt wird.

Größere Schaufeln, insbesondere Endschaufeln, die eine Kompromißlösung zwischen guter Strömung und ausreichender Festigkeit und Schwingungen darstellen, werden nach der rechnerischen Schwinguntersuchung auch experimentell untersucht. Zur Zeit können die Schwingungen nur an der stillstehenden Beschaufelung durchgeführt werden mit Hilfe einer elektro-akustischen Einrichtung. Es sind jedoch Maßnahmen im Gange, die Schaufelschwingungen auch im Betrieb zu messen, damit der versteifende Einfluß der Fliehkräfte erfaßt werden kann. Es ist beabsichtigt, diese Messungen mit kleinen Dehnungsmessern, ähnlich wie sie in der SU verwendet werden, durchzuführen. Die Aufgabe, die verschiedenen Meßdrähte aus der Turbine zu leiten, wird konstruktiv bearbeitet. Für die Festigkeitsüberprüfung werden spannungsoptische Untersuchungen durchgeführt.

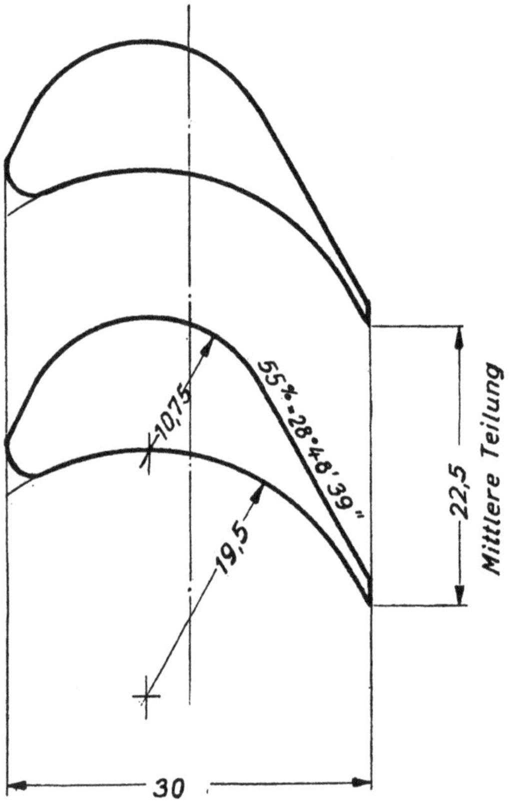

Abb. 17. Gleichdruckprofil mit stark abgerundeter Eintrittskante

Als Fertigungsverfahren kommen für die Schaufeln in Frage: Fräsen einschließlich Kopierfräsen, Ziehen, Pressen und Walzen. Auch die Fertigung von Schaufeln aus getränkten Sintereisen muß auf Grund der ersten vielversprechenden Versuche aufgegriffen werden. Die weiteren Untersuchungen müssen auch die Kostenfrage berücksichtigen.

4.2 Stopfbuchsen

Üblich ist die Stopfbuchse nach *Abbildung 18* (siehe Tafel III). Von seiten der Konstruktion werden die Versuche der Technischen Hochschule Dresden mit besonderem Interesse verfolgt, da von ihnen eine Verkürzung der Baulänge der Stopfbuchse und damit der ganzen Turbine erwartet wird.

4.3 Abdampfgehäuse

Im Zuge der Konstruktionsverbesserungen ist an Stelle eines in Grauguß hergestellten Abdampfgehäuses erstmalig ein Abdampfgehäuse geschweißt worden, *Abbildung 19* (s. Tafel III). Geschweißte Abdampfgehäuse sind durchaus nichts Neues. Neu hieran ist nur die runde Form der Auslaßöffnung und die ebenfalls runde Form des Gehäuseoberteiles. Es ergibt sich damit eine strömungstechnisch günstigere Form, wie man sie bei bisher ausgeführten Abdampfgehäusen (eckig geschweißt) nicht findet. An die strömungstechnisch einwandfreie Form eines gegossenen Gehäuses reicht jedoch auch diese verbesserte Form nicht heran. Dafür ist jedoch das geschweißte Gehäuse einfacher und billiger. Das geschweißte Gehäuse wiegt 12,5 t und kostet DM 40000,— gegenüber 27 t und DM 56000,— bei gegossenem Gehäuse. Die Lagerungsteile aus Stahlguß sind in das Gehäuse eingeschweißt.

4.4 Regelung

Umfangreiche Versucharbeiten waren erforderlich für die Regelung. Das Ziel für die Konstruktion ist die vollhydraulische Regelung. Was hier inzwischen erreicht wurde, zeigen die folgenden Beispiele.

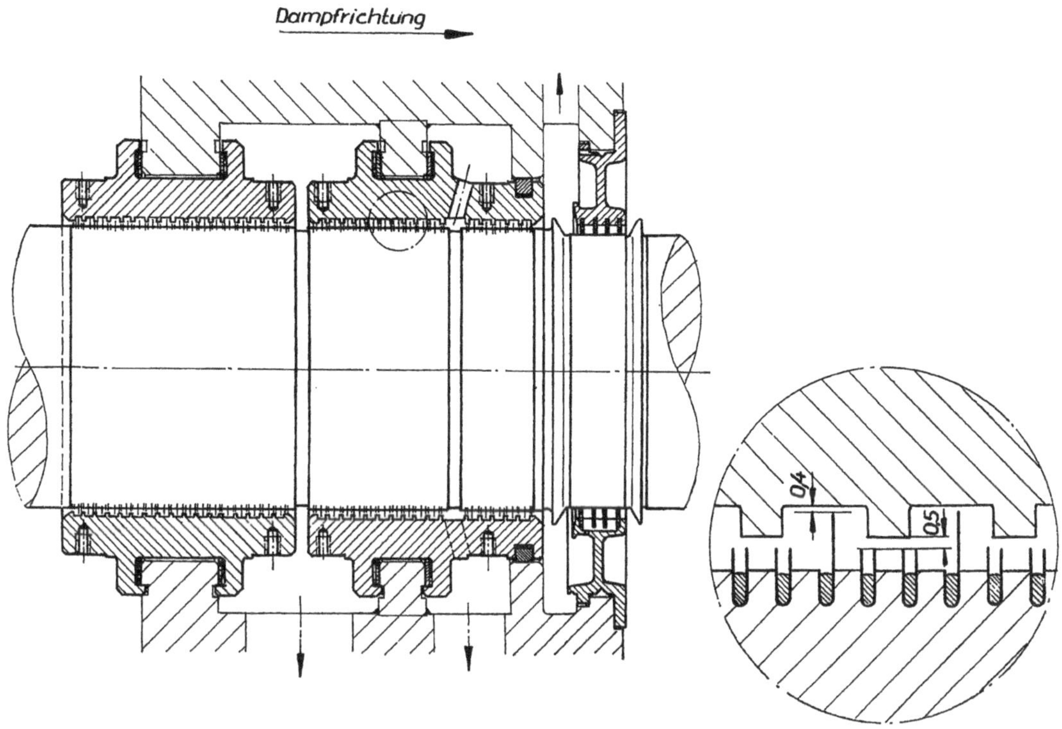

Abb. 18. Außenstopfbuchse einer Vorschaltturbine für eine Leistung von 25 MW, die gegen einen Innendruck von 22 kg/cm² (abs) abzudichten hat

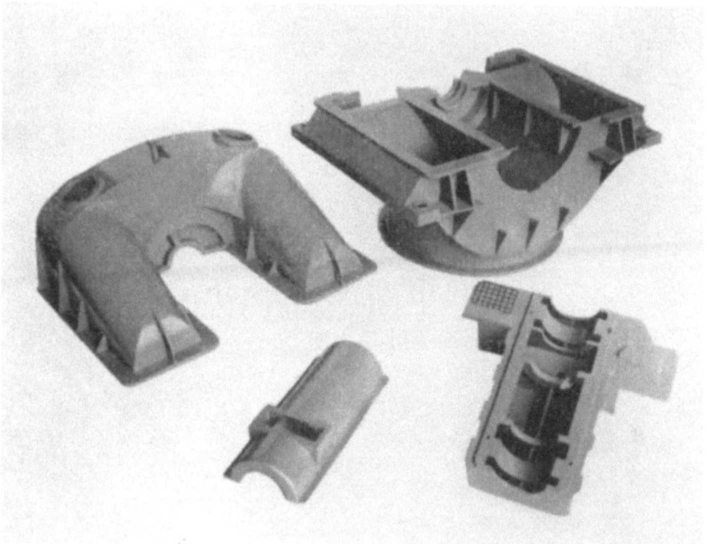

Abb. 19. Geschweißtes Abdampfgehäuse für eine Turbine von 12,5 MW Leistung

4.4.1 Geschwindigkeitsregler

Ursprünglich wurde ein mechanischer Regler verwendet. Er konnte etwas kleiner gehalten werden als ältere Ausführungen, da lediglich ein Steuerschieber bewegt zu werden brauchte, für den nur kleine Verstellkräfte aufzuwenden waren, *Abbildung 20*. Dieser Steuerschieber ändert den Öldruck an den verschiedenen Regelstellen. Der mechanische Regler wird über ein schrägverzahntes Getriebe angetrieben; das vielfach verwendete Schneckengetriebe konnte entfallen. Da der Regler nur 2 Gewichte besaß, konnte er ohne Bedenken liegend angeordnet werden, was eine wesentliche Vereinfachung der Gesamtanordnung im vorderen Lagerbock bedeutete. Inzwischen ist der hydraulische Regler fertiggestellt worden, *Abbildung 21*, der erheblich geringere Abmessungen aufweist. Der hydraulische Regler ist ein Ölstrahlregler, bei dem durch Abschneiden eines Teiles des Ölstrahles der Druck in der Auffangdüse verändert wird. Die Anzahl der beweglichen Teile ist auf ein Geringstmaß herabgesetzt; es ist lediglich noch ein Verschleißteil vorhanden. Dieser Regler wurde zunächst in der Versuchswerkstatt und dann längere Zeit in einer kleineren Turbine erprobt, bevor er für die Fertigung und für den praktischen Betrieb freigegeben wurde. Heute laufen bereits eine ganze Anzahl von Turbinen mit diesem Regler.

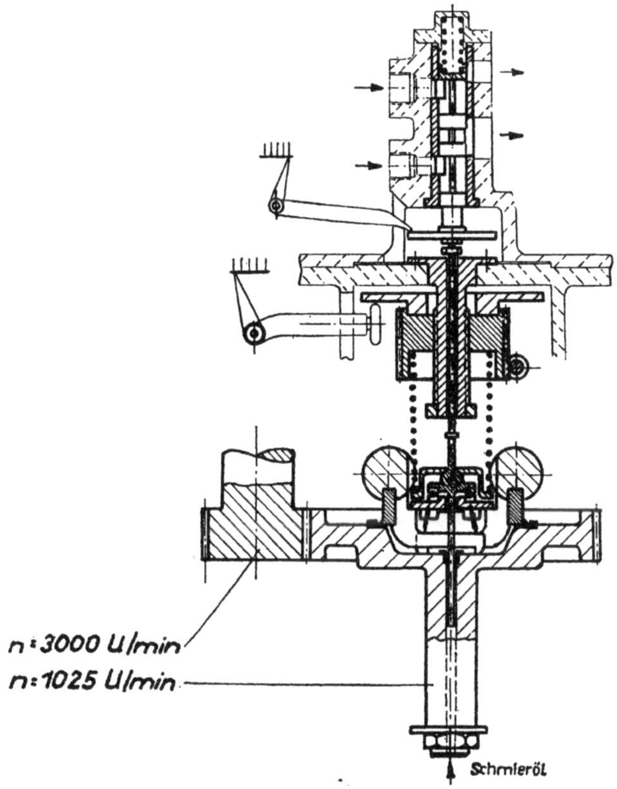

Abb. 20. Mechanischer Geschwindigkeitsregler

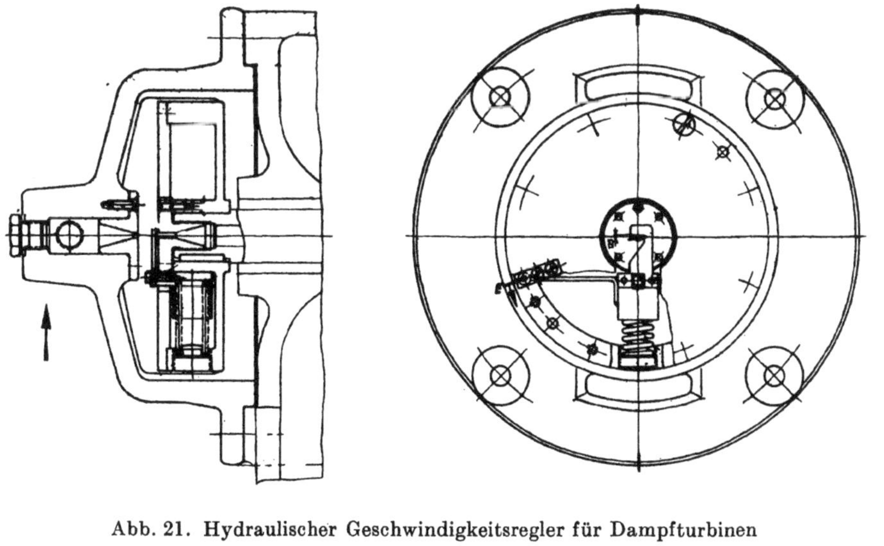
Abb. 21. Hydraulischer Geschwindigkeitsregler für Dampfturbinen

4.4.2 *Regelventile*

Eine weitere Entwicklungsaufgabe stellen die Regelventile dar. Bisher waren Doppelsitzventile üblich. Doppelsitzventile sind entlastet, so daß die Verstellkräfte gering sind. Leider ist das Gußstück, in dem die Ventilkörbe sitzen, bei der in der DDR vorliegenden Konstruktion der Einströmkasten, verhältnismäßig verwickelt, so daß infolge der ungünstigen Erwärmungsverhältnisse ein Verziehen leicht möglich ist und dadurch das Undichtwerden der Ventile begünstigt wird. Es wurde ein vereinfachtes Gußstück entwickelt, für das die üblichen Doppelsitzventile nicht mehr verwendet werden können, es entstanden die Glockenventile. Bei dieser Art von Ventilen sind die Verhältnisse umgekehrt wie bei den bisherigen Doppelsitzventilen. Der Kegel steht fest und „der Korb" bewegt sich. Auf Grund dieser Anordnung ist für das Gußstück nur eine einfache Zwischenwand erforderlich, *Abbildung 22*. Derartige

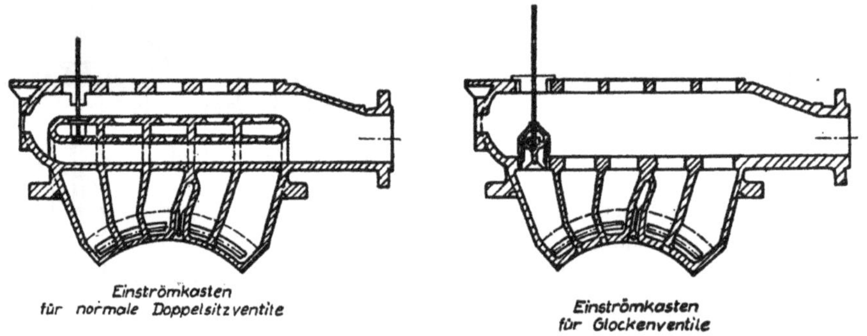

Abb. 22. Einströmkasten für Doppelsitzventile üblicher Bauart und für Glockenventile

Ventilanordnungen haben sich im Betrieb wesentlich günstiger verhalten als die bisherigen Ausführungen.

Bei großen Dampfmengen und hohen Dampfparametern kommen nur Einsitzventile in Frage, die leichter dicht halten als Doppelsitzventile. Es sollen entlastete Einsitzventile ausgeführt werden, wie sie bereits aus Literatur und Praxis bekannt sind. Diese Ventile erhalten zweckmäßigerweise einen Vorhubkegel, so daß die an sich großen Verstellkräfte verringert werden. Nachteilig ist jedoch der verhältnismäßig große Durchmesser des Dichtungskolbens. Maßgebend für die Betriebssicherheit derartiger Ventile ist das Spiel zwischen Kolben und Führung, das je nach dem Wärmezustand unterschiedlich sein kann. Es müssen infolgedessen erst noch Versuche durchgeführt werden, bevor ein abschließendes Urteil gefällt werden kann.

Weiterhin sind Versuche im Gange mit Diffusor-Einsitzventilen. *Abbildung 23* zeigt eine Gegenüberstellung von Doppelsitzventilen, Glockenventilen und Einsitzventilen mit anschließendem Diffusor. Bei den Diffusorventilen sind jedoch die Verstellkräfte sehr groß, so daß die Durchmesser des Ventiles von vornherein möglichst klein zu wählen sind. Das bedeutet aber große Geschwindigkeiten im Ventil. Angenommen wurden etwa 200 bis 400 m/s. Ohne anschließenden Diffusor sind derartige Ventile nicht möglich. In der gesamten Literatur sind über die konstruktive Gestaltung der Diffusoren keine Unterlagen vorhanden. Auch von seiten der befreundeten Länder (SU und CSR) war es nicht möglich, einwandfreie Angaben zu erhalten. Es wurden infolgedessen in der DDR Versuche angestellt. Die Versuche wurden im Elektrochemischen Kombinat Bitterfeld mit einem Dampfzustand von 100 kg/cm² (abs) und 500° C bei einem Gegendruck von 20 kg/cm² (abs) durchgeführt. Bei diesen Versuchen wurden verschiedene Diffusoreinsätze (unterschiedliche Nennweiten, Öffnungswinkel und

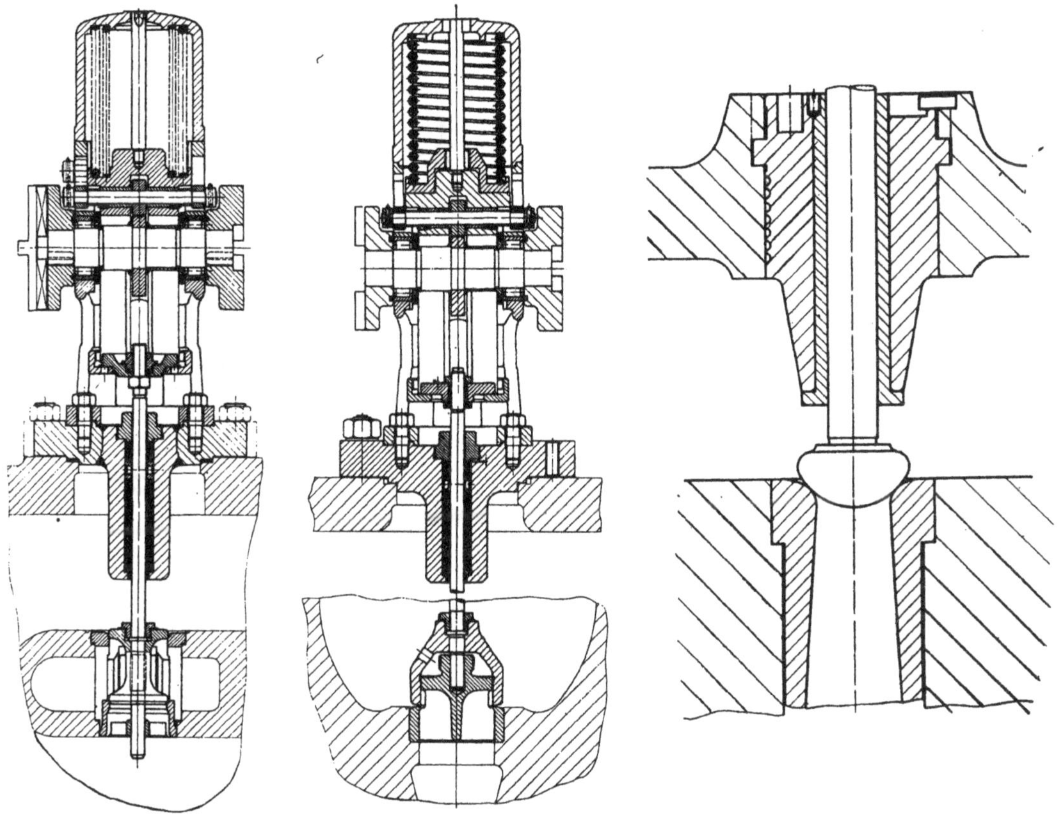

Abb. 23. Doppelsitzventil, Glockenventil und Diffusorventil

Längen sowie verschiedene Ventiltellerausführungen), die Druckverlustziffer, der Diffusorwirkungsgrad und die Spindelkräfte untersucht. Die schematische Versuchsanordnung zeigt *Abbildung* 24. Die Auswertung ist noch im Gange. Mit Rücksicht auf die in den Diffusorventilen auftretenden Verluste werden derartige Ventile wohl nur für Kondensationsturbinen mit großem Gefälle verwendet, keinesfalls jedoch für Gegendruckturbinen.

Eine sehr störende Erscheinung ist das Ausschlagen der Ventilspindeln in der unteren Führung. An diesem Problem wird zwar schon einige Zeit gearbeitet, es wurde jedoch noch keine klare Linie und damit auch keine Lösung gefunden.

4.4.3 Stopfbuchspackungen

Ein besonderes Problem bei der Regelung stellen die Stopfbuchspackungen dar. Diese Packungen müssen dichthalten und außerdem bei ausreichender Führung der Spindel eine gewisse Schmierfähigkeit besitzen, um die Regelbewegung der Ventile nicht zu behindern, *Abbildung* 25. Leider hat es in dieser Richtung zahlreiche Fehlschläge gegeben, da der Dichtungswerkstoff nicht zuverlässig war. In den ersten Anfängen wurden Graugußringe verwendet, später nitrierte Ringe. Es wurden dann Panzerkohleringe genommen, die jedoch infolge ihrer unterschiedlichen Qualitäten ausbröckelten, so daß die Ventile klemmten. Heute werden nach zahlreichen Versuchen, die jedoch noch im praktischen Betrieb in größerer Anzahl erprobt werden müssen, sogenannte Weichpackungen verwendet.

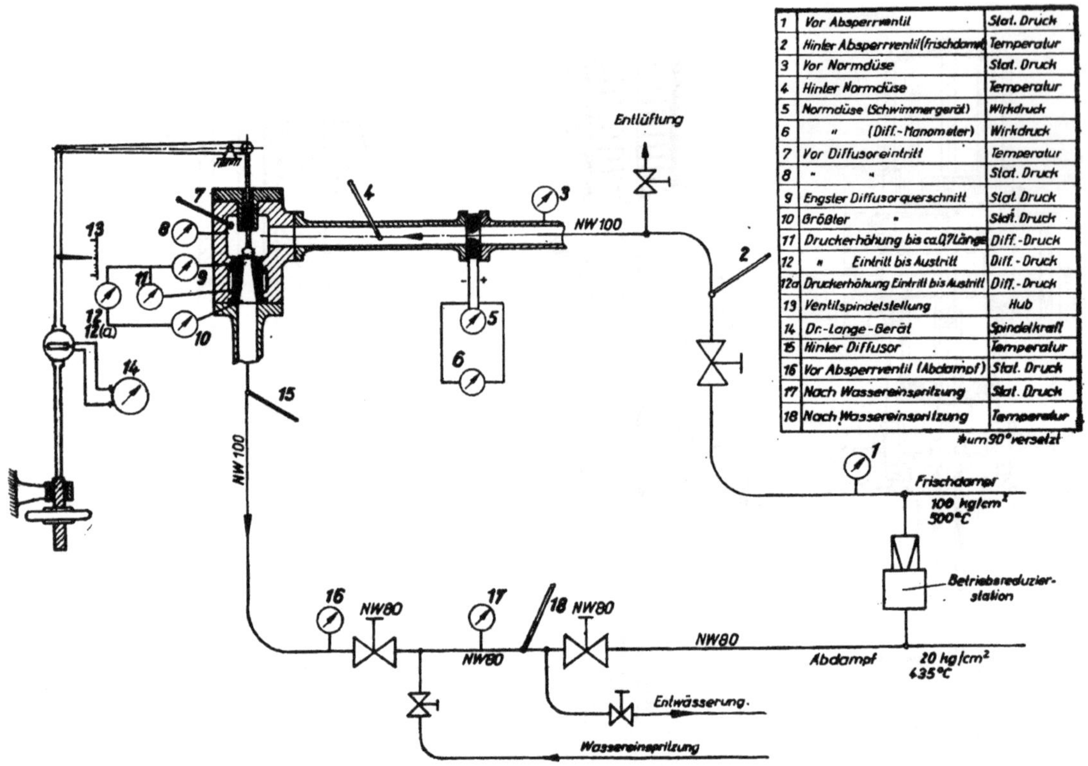

1	Vor Absperrventil	Stat. Druck
2	Hinter Absperrventil (Frischdampf)	Temperatur
3	Vor Normdüse	Stat. Druck
4	Hinter Normdüse	Temperatur
5	Normdüse (Schwimmergerät)	Wirkdruck
6	" (Diff.-Manometer)	Wirkdruck
7	Vor Diffusoreintritt	Temperatur
8	" "	Stat. Druck
9	Engster Diffusorquerschnitt	Stat. Druck
10	Größter "	Stat. Druck
11	Druckerhöhung bis ca. 0,7 Länge	Diff.-Druck
12	" Eintritt bis Austritt	Diff.-Druck
12a	Druckerhöhung Eintritt bis Austritt	Diff.-Druck
13	Ventilspindelstellung	Hub
14	Dr.-Lange-Gerät	Spindelkraft
15	Hinter Diffusor	Temperatur
16	Vor Absperrventil (Abdampf)	Stat. Druck
17	Nach Wassereinspritzung	Stat. Druck
18	Nach Wassereinspritzung	Temperatur

Abb. 24. Schematische Darstellung des Prüfstandes für die Untersuchung von Diffusorventilen

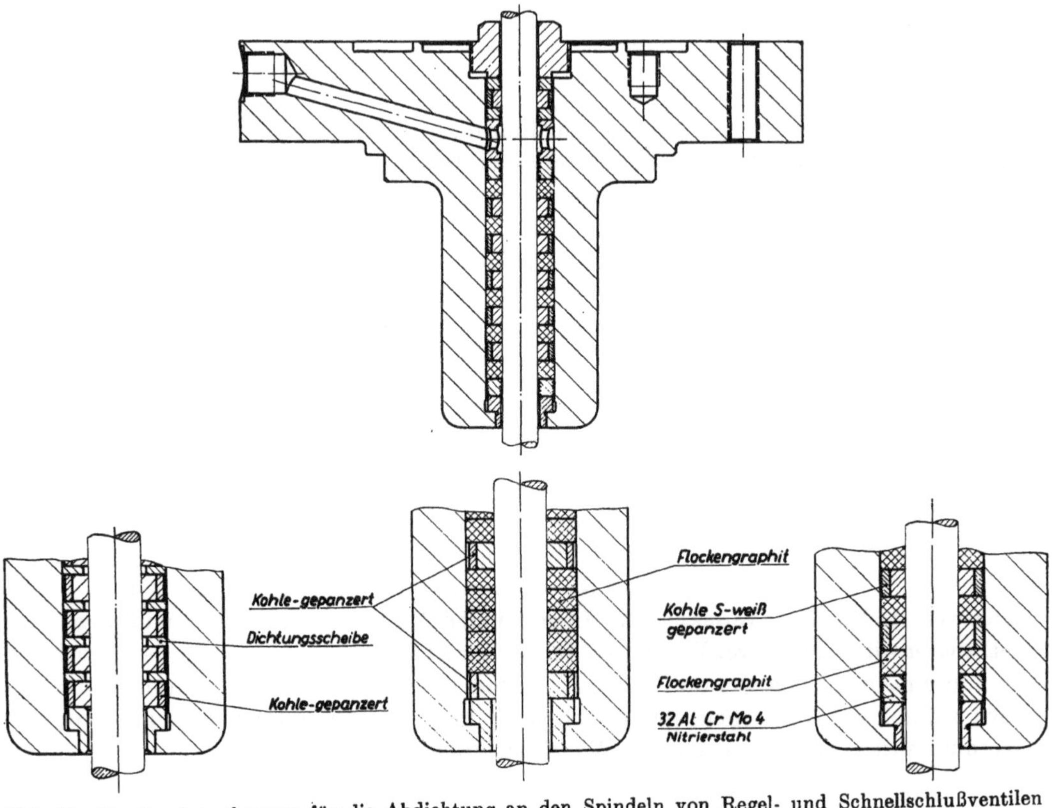

Abb. 25. Stopfbuchspackungen für die Abdichtung an den Spindeln von Regel- und Schnellschlußventilen

4.4.4 Servomotore

Bei den ständig größer werdenden Verstellkräften ist auch eine Änderung in der Ausführung der Servomotore eingetreten. Bei den entlasteten Doppelsitzventilen genügt ein Servomotor, der über Nockenwelle und Nocken die Regelventile öffnet. Bei den höheren Dampfzuständen erhalten jedoch die Ventile wegen zu großer Verstellkräfte Einzelservomotore. Die Diffusorventile werden ebenfalls Einzelservomotore enthalten. Wenn auch durch eine größere Anzahl von Servomotoren eine Vervielfachung der Störungsmöglichkeiten auftreten kann, so fallen doch die gesamten mechanischen Übertragungen von Servomotor zur Nockenwelle fort; auch die unangenehme Lagerung der Nockenwelle entfällt, so daß trotz der Vergrößerung in der Anzahl der Servomotore die Verringerung der Verschleiß- und Reibstellen einen Gewinn für die Regelung darstellen dürfte.

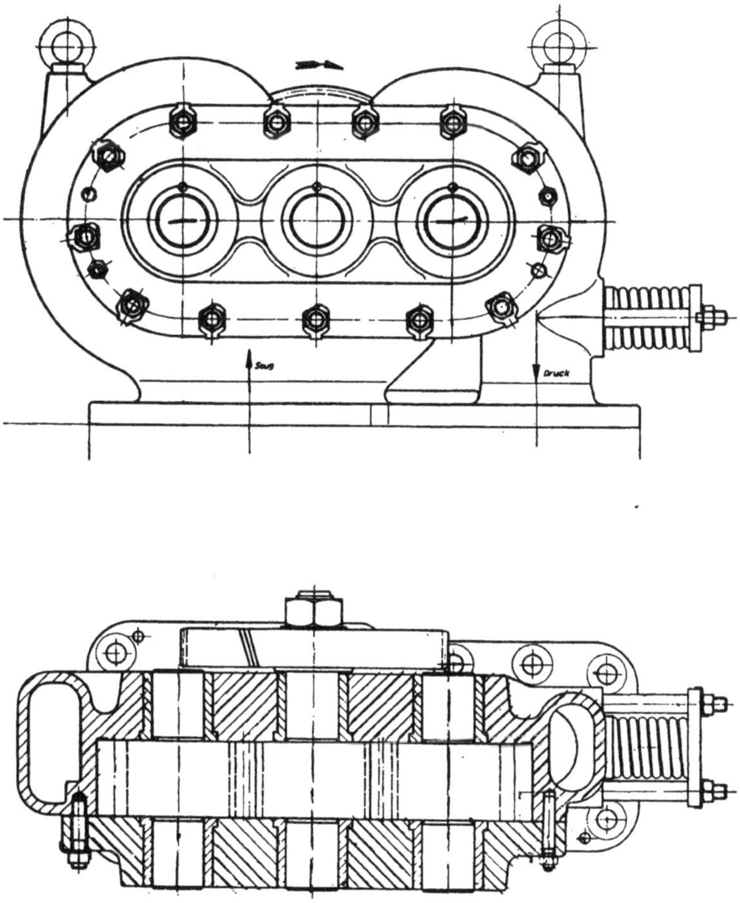

Abb. 26. Zahnradpumpe als Hauptölpumpe für Dampfturbinen, Fördermenge 1100 l/min. Öldruck 5 kg/cm²

4.4.5 Ölversorgung

Die Ölversorgung für die hydraulische Regelung und für die Schmierung der Lager erfolgt durch Zahnrad- und durch Kreiselpumpen. *Abbildung 26* zeigt eine Zahnradpumpe, die bei einer Fördermenge von 1100 l/min für einen Steueröldruck von 5 kg/cm² verwendet wird. Sie wird über ein schrägverzahntes Stirnradgetriebe von der Turbinenwelle mit 830 U/min angetrieben. Bei den Kreiselpumpen, *Abbildung 27* (gleicher Maßstab, 2100 l/min bei 3000 U/min) wurde der Druck zunächst auf 8 und neuerdings auf 16 kg/cm² gesteigert. Diese höheren Drücke sind erforderlich, um bei den größeren Dampfdrücken, selbst bei verkleinerten Ventildurchmessern, die notwendigen Verstellkräfte aufbringen zu können. Außerdem soll eine ausreichende Reserve bei unvorhergesehenen Reibungen vorhanden sein. Die Kreiselpumpe hat eine stabile und flache Kennlinie, was für die Regelung außerordentlich günstig ist. Da

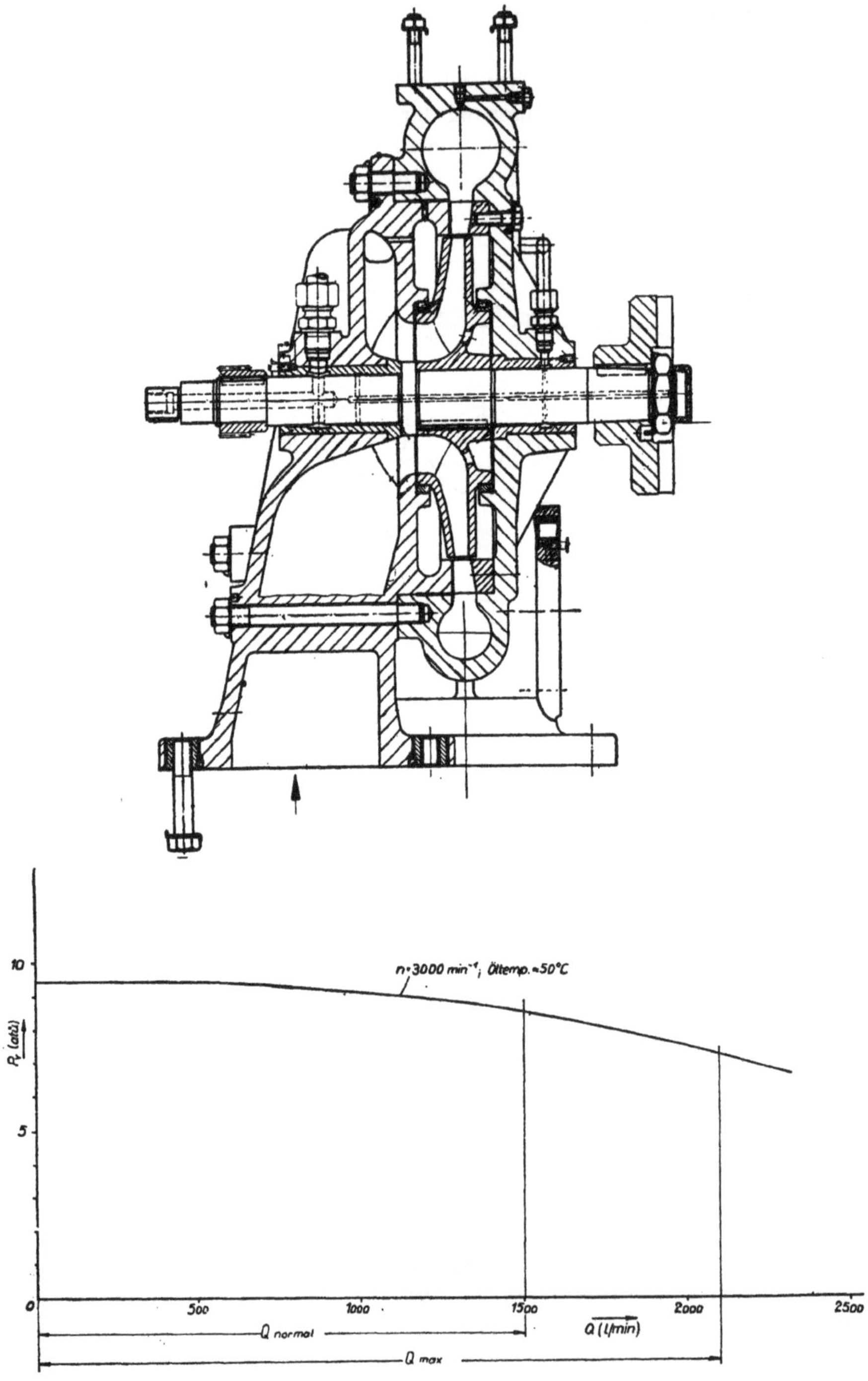

Abb. 27. Kreiselpumpe als Hauptölpumpe für Dampfturbinen. Fördermenge 2100 l/min. Öldruck 8 kg/cm²

die Kreiselpumpe nur eine geringe Saughöhe besitzt, der Ölbehälter jedoch in seiner Lage durch die Fundamentabmessungen festliegt, muß eine Saughilfe verwendet werden. Am zweckmäßigsten hierfür sind kleine Injektoren, die mit Öl betrieben werden. Bei anderen Firmen werden Schraubenpumpen als Zubringerpumpen angeordnet. Die Kreiselpumpen werden unmittelbar von der Turbinenwelle angetrieben.

4.4.6 Sicherheitsregler und Schnellschlußventile

Auch der bei den meisten Ausführungen mechanisch wirkende Schnellschlußregler ist inzwischen auf Hydraulik umgestellt worden, *Abbildung 28.* Beim Ausschlagen des hydraulischen Reglers wird der Ölstrahl unterbrochen, so daß der Öldruck sinkt und alle Ventile schließen. Dieser Regler sichert auch gleichzeitig noch die Turbine durch Auslösen des Schnellschlusses bei ablaufendem Drucklager.

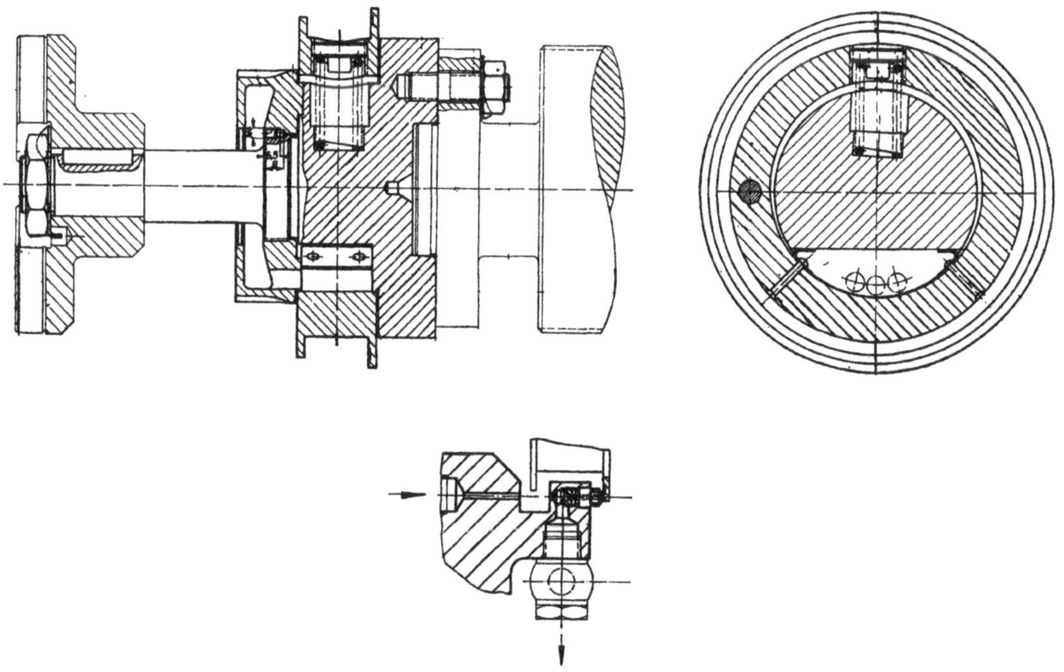

Abb. 28. Ölhydraulisch arbeitender Sicherheitsregler für Dampfturbinen

Bei der hydraulischen Schnellschlußauslösung ergab sich zwangsläufig auch eine Änderung in der Auslösung des Schnellschlußventiles. Die bisher mechanisch wirkenden Schnellschlußventile, die auch gleichzeitig zum Anfahren verwendet werden, wurden ebenfalls durch hydraulisch arbeitende ersetzt, *Abbildung 29.* Die Turbine kann also erst dann angefahren werden, wenn Öldruck vorhanden ist. Diese neue Konstruktion ermöglicht es, die Turbine durch Fernsteuerung anzufahren. Entgegen den bisherigen Ausführungen wird das Schnellschlußventil durch Öldruck voll geöffnet. Das Anfahren erfolgt ausschließlich durch Öffnen der Regelventile.

Die hydraulische Regelung hat gegenüber der mechanischen Regelung den großen Vorteil der Einfachheit, die Anzahl der Verschleißteile ist außerordentlich gering. Für Gegendruck- und Entnahmeturbinen, die eine besondere Dampfdruckregelung besitzen, ist die hydraulische Regelung in ihrer Einfachheit durch nichts zu überbieten. Vorausgesetzt ist allerdings

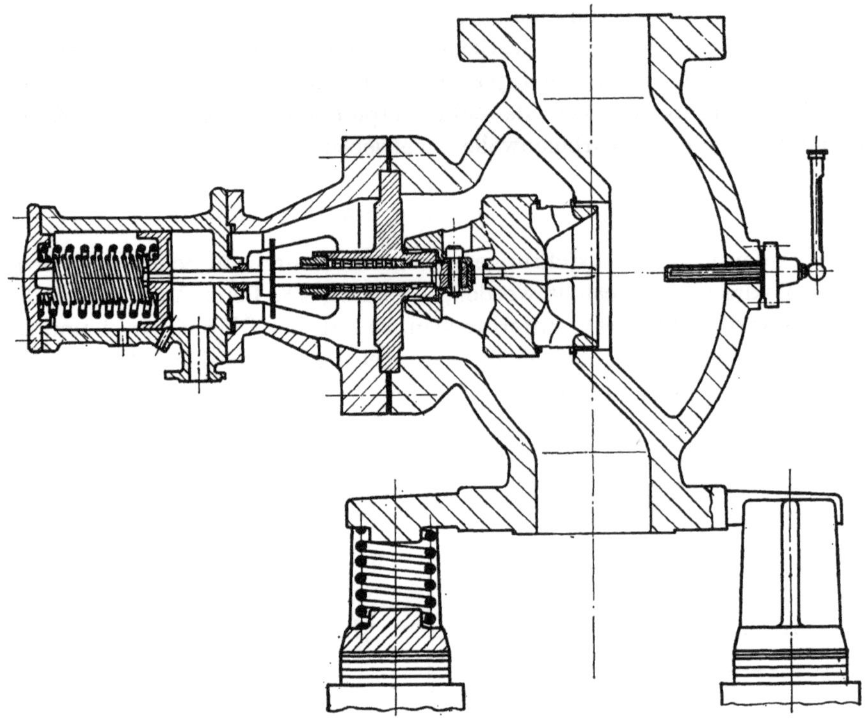

Abb. 29. Ölhydraulisch betätigtes Frischdampfschnellschlußventil für Dampfturbinen

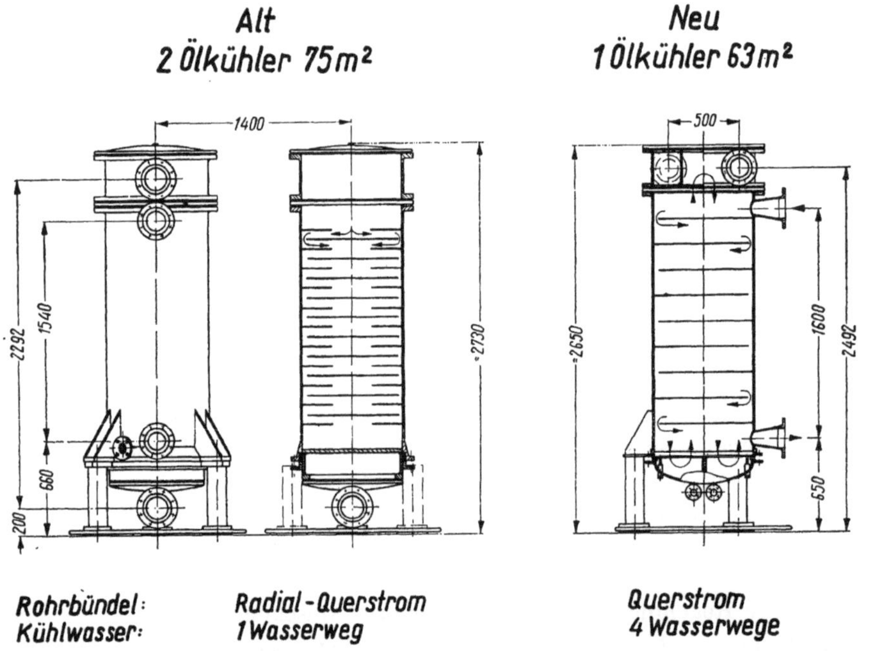

Abb. 30. Vergleich zweier Ölkühleranlagen für eine Ölmenge von 1600 l/min und eine Kühlwassertemperatur von 27° C. Radial-Querstrom mit einem Wasserweg, Querstrom mit vier Wasserwegen

Abb. 31. Versuchsstand für die Untersuchung von Dampfstrahl-Luftsaugern

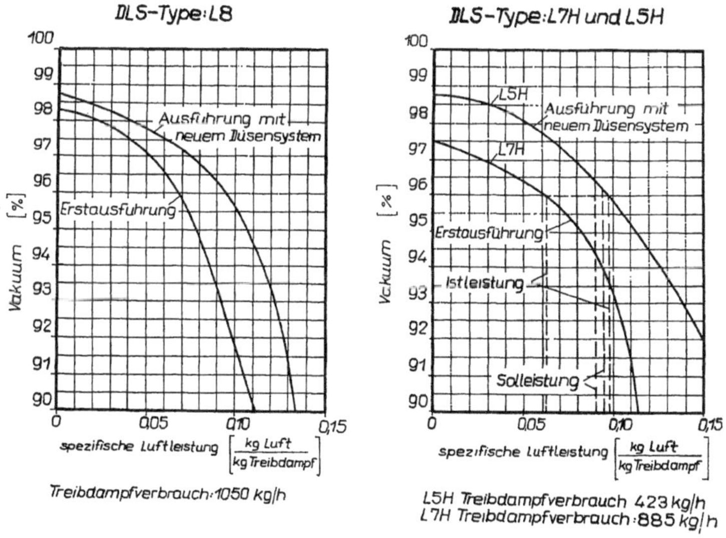

Abb. 32. Leistungsgewinn bei Dampfstrahl-Luftsaugern durch verbesserte Düsensysteme und höhere Dampfzustände

dabei, daß die dafür notwendigen Teile auch einwandfrei hergestellt werden können und daß sauberes Öl zur Verfügung steht.

4.5 Ölkühler und Dampfstrahl-Luftsauger

Bei Beginn der Arbeiten fehlten praktisch alle Unterlagen für die Berechnung der Ölkühler und Dampfstrahl-Luftsauger. In mehreren Versuchsreihen wurden die Ölkühler untersucht und neuerdings durch eine Gegenstromanordnung ersetzt, *Abbildung 30*, die bei wesentlichen geringeren Abmessungen und nur einem Kühler die gleiche Kühlwirkung wie bisher erzielt.

Die Dampfstrahl-Luftsauger wurden ebenfalls auf einem gesondert aufgebauten Prüfstand auf ihre Förderleistung, ihren Dampfverbrauch und bezüglich der Anordnung der Düsen überprüft, *Abbildung 31* (siehe Tafel IV). Es wurde ein Dampfstrahl-Luftsauger entwickelt, der an Stelle des bisherigen Dampfdruckes von 9 kg/cm² mit 40 kg/cm² arbeitet. In jedem Kraftwerk befindet sich ein Netz mit einem Druck von 40 kg/cm², so daß der Arbeitsdampf des Dampfstrahl-Luftsaugers nicht mehr gedrosselt zu werden braucht. Der Leistungsgewinn der neuen gegenüber den alten Dampfstrahl-Luftsaugern ist in *Abbildung 32* (siehe Tafel IV) dargestellt.

4.6 Fertigung

Einleitend wurde erwähnt, daß eine Normung der Einzelteile und der Baugruppen durchgeführt wurde bzw. noch im Gange ist. Für die Turbinen und Stromerzeuger werden eine Reihe gleichartiger oder sogar gleicher Bauelemente verwendet wie z. B. Lagerung, Stopfbuchsen, Ventile, Öl- und Luftkühler, Dampfstrahl-Luftsauger und mehr. Die Normenreihe dieser Bauelemente ist für jeden Konstrukteur bindend. Mit den Normenblättern wurden auch Fertigungsvorschriften herausgegeben mit dem Ziel, in der Werkstatt eine Austauschfertigung und außerdem durch Herstellen einer größeren Stückzahl gleicher Ausführungen eine wirtschaftliche Fertigung aufzuziehen, Maßnahmen, die zu einem anerkennenswerten Erfolg geführt hatten. Voraussetzung hierzu war weiterhin, daß für das Bauprogramm eines jeden Fertigungswerkes eine bestimmte Anzahl von aufeinanderfolgenden Typen festgelegt und die gesamte Ausrüstung danach ausgerichtet wurde.

Die Verringerung der Fertigungszeiten, zu der die straffe Typeneinteilung und auch die Normungsarbeiten beigetragen haben, ist beachtlich. So betragen z. B. die Zeiten der letzten zweigehäusigen 32-MW-Kondensationsturbine für das Kraftwerk Elbe nur noch 0,90 der Zeiten der ersten Turbine, der letzten eingehäusigen 25-MW-Kondensationsturbine 0,92 der ersten.

4.7 Wirkungsgrade

Die thermodynamische Auslegung der Turbinen ist in der ersten Zeit sehr vorsichtig erfolgt. so daß verhältnismäßig niedrige Wirkungsgrade angegeben wurden. Die Messungen haben etwas bessere Ergebnisse gebracht. *Abbildung 33* zeigt einige Meßwerte von Kondensationsturbinen. Das gleiche Bild zeigt aber auch die Verbesserung des Wirkungsgrades, wie sie sich jetzt auf Grund der neuen Profilformen und der hohen Dampfparameter einstellen wird. Mit diesen Werten wird der Stand des Weltmarktes erreicht. Leider werden noch einige Jahre vergehen, ehe diese Werte durch praktische Messungen untermauert werden können.

Stark behindert werden alle Untersuchungen durch die zum Teil recht unbefriedigenden und unzuverlässigen Armaturen und Meßgeräte, deren Entwicklung für hohe Dampfzustände außerdem noch aussteht.

Im Zusammenhang mit den Wirkungsgraden sei noch der Gewichtsaufwand erwähnt. Nach der in der DDR geltenden Festlegung ist alles, was zum Lieferumfang der Turbine gehört, dem Gesamtgewicht zuzuschlagen. Es kommen also sämtliche Rohrleitungen innerhalb des Turbosatzes, die gesamte Kondensationsanlage einschließlich Kühlwasser- und Kondensatpumpen, Grundplatten usw. dazu. *Abbildung 34* zeigt eine Übersicht über einige Gewichte je kW. Es wird selbstverständlich Firmen geben, die leichter bauen als hier angegeben ist, und die damit große Reklame machen. Es hat jedoch keinen Zweck, eine Turbine zu leicht zu bauen, da neben Schwierigkeiten im späteren Betrieb bereits Schwierigkeiten während der Fertigung durch Verziehen auftreten.

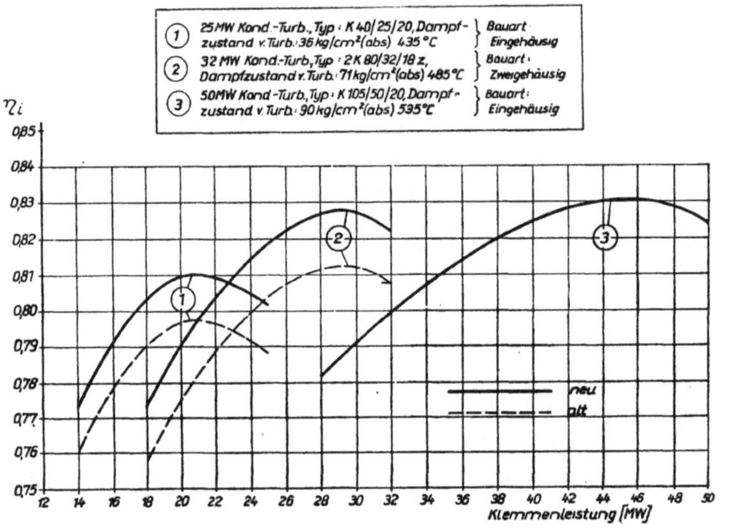

Abb. 33. Dampfverbrauchswerte von ausgeführten und in der Entwicklung befindlichen Dampfturbinen

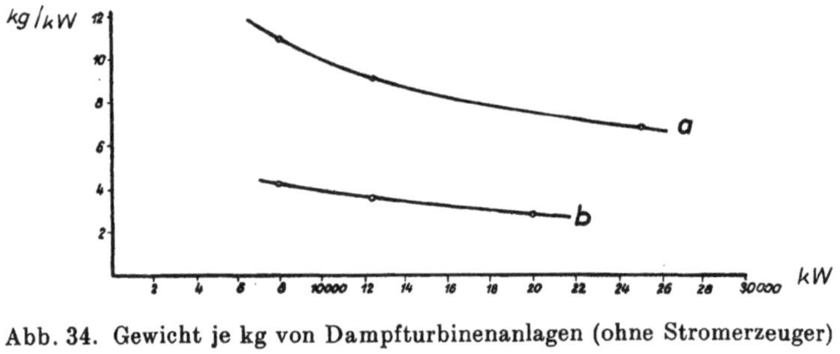

Abb. 34. Gewicht je kg von Dampfturbinenanlagen (ohne Stromerzeuger)

a eingehäusige Kondensationsturbine; b eingehäusige Gegendruckturbine

5. Betriebsergebnisse

Die Betriebsergebnisse sind bis auf einige Unsicherheiten in der Regelung als gut zu bezeichnen. Bei der Regelung selbst liegt es keinesfalls an der Hydraulik, sondern an einigen konstruktiven Mängeln, bei denen auch Fertigungs- und Werkstofffragen einschließlich Öl eine Rolle spielen. Schaufelschäden sind nur an zwei großen Maschinen in der Endstufe vorgekommen, die jedoch eindeutig auf ungeeignete Werkstoffe zurückgeführt werden konnten. Die Konstruktion fordert einen Werkstoff mit einer Kerbzähigkeit von 8 mkg/cm², während der verwendete Werkstoff lediglich 3,4 mkg/cm² aufwies.

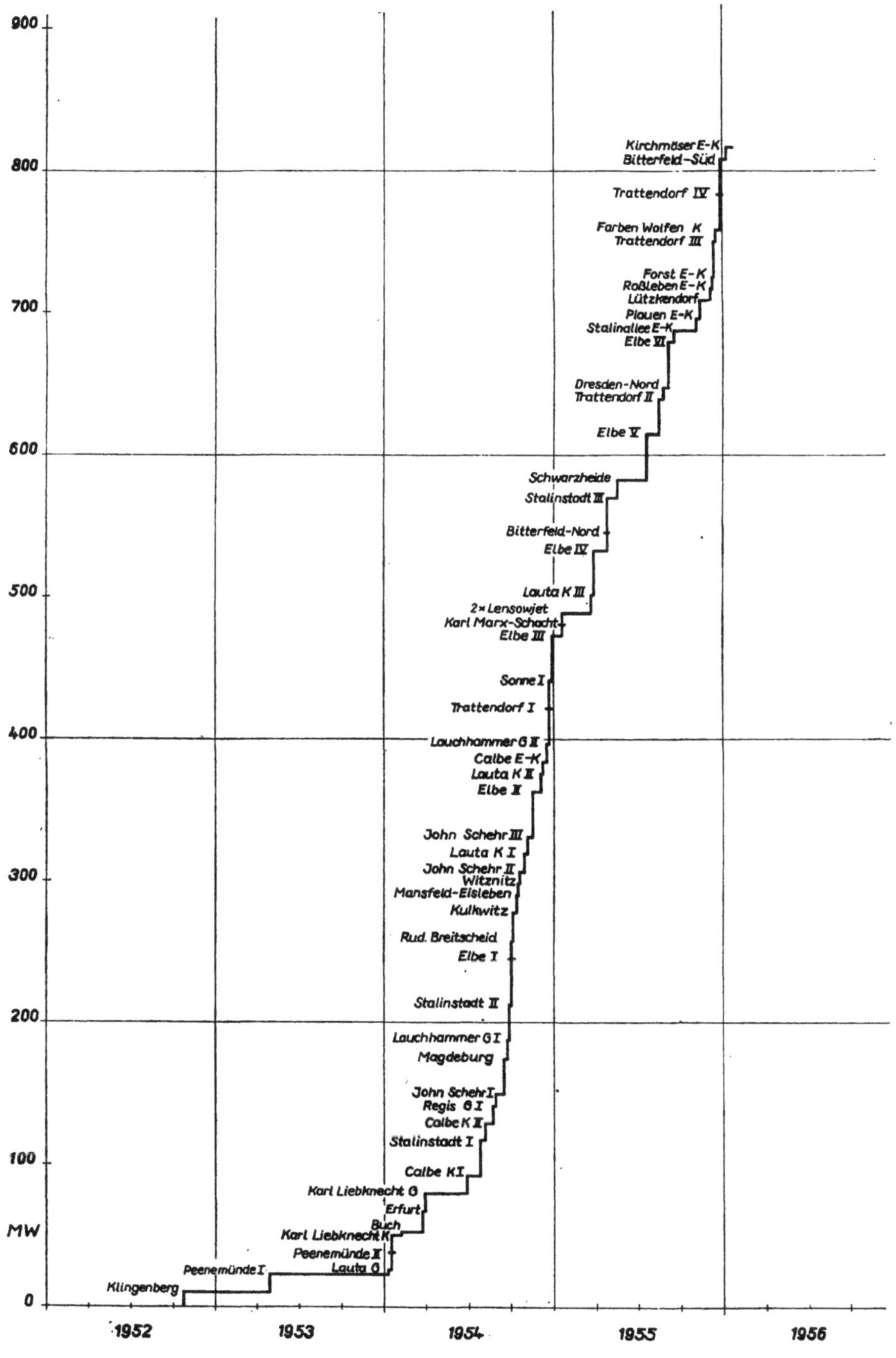

Abb. 35. Zeitlicher Ablauf der Inbetriebnahmen von 1950 bis 1956

Abbildung 35 zeigt mit Stand vom 1. 4. 1956 die nach den angeführten Entwicklungen in Betrieb genommenen Turbinen. Interessant dabei ist die lange Anlaufzeit in der Fertigung, nachdem die Konstruktionsunterlagen bereits seit 1950 für die ersten Maschinen zur Verfügung standen. Zum Ende des ersten Fünfjahrplanes war die Fertigung vielversprechend im Fluß. Leider wird die Kurve sich im zweiten Fünfjahrplan nicht stetig fortsetzen, sie wird ähnlich wie im ersten Fünfjahrplan verlaufen, da die Konstruktion wegen Unklarheiten und mangelnder Vorplanung nicht genügend Vorlauf hat und die Fertigungsunterlagen infolgedessen erst in den Jahren 1957/58 zur Verfügung steht.

Erst nach Ablauf des ersten Vierteljahres 1956 wurde allmählich Klarheit über die Aufgaben des zweiten Fünfjahrplanes geschaffen, die Konstruktion konnte also erst zu diesem Zeitpunkt beginnen, statt bereits fertigungsreife Unterlagen zur Verfügung zu stellen. Im Januar 1956 wurde wie bereits erwähnt die konstruktiv nahezu vollendete Turbine von 80 MW Leistung gestrichen, weil seitens der HV Elektroenergie eine Maschine von 100 MW Leistung verlangt wurde. Die Anlage „Schwarze Pumpe" mit einer 50-MW-Entnahme-Gegendruckturbine wurde wegen Änderung der Dampfleistungen mehrfach umgeworfen. Über den Einsatz und die Dampfparameter der von der HV Elektroenergie geforderten 50- und 100-MW-Turbinen besteht erst seit Ende des ersten Quartals 1956 einige Klarheit. Als Ergebnis verzögerter Klärung haben die Turbinen- und Generatorenwerkstätten in den nächsten zwei Jahren nicht genügend Arbeit. Anstatt die dringend benötigten Turboaggregate zu bauen, werden jetzt in den für die Turbinenfertigung vorgesehenen Werken Werkzeugmaschinen und Lokomobilen gebaut. Die Arbeitskräfte, die mit vieler Mühe auf das richtige Fingerspitzengefühl für die Turbinenfertigung gebracht wurden, müssen jetzt wieder auf eine andere Fertigung umgeschult werden.

Die Vorarbeiten für den zweiten Fünfjahrplan beginnen um mindestens ein bis zwei Jahre zu spät. Trotz vieler und rechtzeitiger Hinweise auf diesen unmöglichen Zustand ist dem Energiemaschinenbau noch von keiner Seite durchgreifend geholfen worden. Der Anfangspunkt der Arbeiten ist meist unsicher, dafür steht aber der Endtermin fest.

6. Zusammenfassende Forderungen

Aus den von seiten der Konstruktion klar erkannten Mängeln im Ablauf der Arbeiten in der Planung in Büro und Werkstatt und im Kraftwerk ergeben sich folgende Forderungen, deren Erfüllung unbedingt erforderlich ist, um stets rechtzeitig und dem Stand der Technik entsprechend fertigen zu können:

1. Klare Zielsetzung und rechtzeitig erfolgende Aufgabenstellung der Investträger, damit die Konstruktion mit genügend Vorlauf arbeiten kann.
2. Schneller und großzügiger Ausbau von Versuchswerkstätten.
3. Schneller und großzügiger Ausbau von Prüfständen, damit die Messungen und Erprobungen nicht immer erst im Kraftwerk durchgeführt werden (Funktionsprobelauf bis 200 MW). Dies gilt auch ganz besonders für Schiffsturbinenanlagen (bis 30000 PS unter Vollast). Weiterentwicklung von turboelektrischen Schiffsmaschinenanlagen.
4. Schneller und großzügiger Ausbau der Werkstätten, insbesondere für Stromerzeuger, damit große Maschineneinheiten dem Stand der Technik entsprechend gebaut werden können.
5. Anlieferung einwandfreier Werkstoffe, wozu die Stahlwerke und Gießereien mit allen selbstverständlichen Einrichtungen nach neuer Technik auszurüsten sind. Es dürfen nur noch testierte Werkstoffe ausgeliefert werden. Stähle für Temperaturen von 600° C bis 650° C sind schnellstens zu entwickeln.
6. Gleichzeitig muß die Entwicklung und Fertigung von Armaturen für hohe Dampfzustände schnellstens in Gang gebracht werden.
7. Einrichtung einwandfreier Büroräume für die Konstruktionsbüros, um erträgliche und auch äußerlich ansprechende Arbeitsverhältnisse zu schaffen.

In der *Diskussion* beantwortet Herr Kuse noch die Anfrage nach der Normung der Turbinenschaufeln dahingehend, daß man sich bemüht, mit 5 Typen auszukommen. Dabei machen aber die vielen Fremdfabrikate mit ihrem Ersatzbedarf noch besondere Schwierigkeiten. Herr Albring berichtet über Versuche in der SVA, die gezeigt haben, daß am Schaufelprofil an den Übergangsstellen zwischen Gerade und Kreisbogen Ablösungen auftreten, womit alte Erfahrungen bestätigt werden. Mit neueren tropfenförmigen Profilen stetigen Krümmungsverlaufes wurden bessere Ergebnisse erzielt. Bei einer Beschränkung auf wenige Profile dürften die Herstellungsschwierigkeiten solcher Profile zu überwinden sein.

Bei den Ölkühlern ergab sich durch Verbesserung der Strömungsverteilung auf der Öl- und Wasserseite eine Leistungssteigerung, wie durch Versuche im Rahmen einer Diplomarbeit nachgewiesen werden konnte. Wegen der Schwierigkeiten mit Schneckengetrieben richtet Herr Gläser die Aufmerksamkeit auf die Oberflächengüte, deren Mängel meist für die große Abnutzung verantwortlich sind. Zu den Fragen des Schmieröles ergibt sich, daß angestrebt wird, das Lageröl von der Regelflüssigkeit zu trennen, um so die Ölalterung im Strahlregler vom Schmieröl fernzuhalten. Eine Mischung verschiedener Öle ist unbedingt zu vermeiden; der Reinigung der Kesselwagen ist erhöhte Aufmerksamkeit zu widmen, damit Verunreinigung beim Transport mit Sicherheit vermieden werden.